# 丝路 香俗

彭榕华 主编

厦门大学出版社 国家一级出版社
XIAMEN UNIVERSITY PRESS 全国百佳图书出版单位

图书在版编目（CIP）数据

丝路香俗 / 彭榕华主编. -- 厦门：厦门大学出版
社，2023.10
ISBN 978-7-5615-8865-9

Ⅰ. ①丝… Ⅱ. ①彭… Ⅲ. ①香料-文化-世界
Ⅳ. ①TQ65

中国版本图书馆CIP数据核字(2022)第224648号

出 版 人　郑文礼
责任编辑　陈进才　黄雅君
美术编辑　张雨秋
技术编辑　许克华

出版发行　厦门大学出版社
社　　　址　厦门市软件园二期望海路39号
邮政编码　361008
总　　　机　0592-2181111　0592-2181406(传真)
营销中心　0592-2184458　0592-2181365
网　　　址　http://www.xmupress.com
邮　　　箱　xmup@xmupress.com
印　　　刷　厦门市竞成印刷有限公司

开本　720 mm×1 020 mm　1/16
印张　14.75
插页　3
字数　208 千字
版次　2023 年 10 月第 1 版
印次　2023 年 10 月第 1 次印刷
定价　49.00 元

厦门大学出版社
微信二维码

厦门大学出版社
微博二维码

**作者简介**

　　**彭榕华，**福建中医药大学教授，硕士研究生导师，中国民主同盟福建省委员会社会委员会常务副主任，中国民主同盟福建中医药大学委员会副主委，中华中医药学会中医药文化分会常务委员，世界中医药学会联合会中医药文献与流派分会常务理事，中国中医药信息研究会儒医文化分会常务理事，中国民族医药学会医史文化分会常务理事，福建省历史名人研究会陈修园研究委员会常务委员；主持教育部等省部级课题4项，厅局级课题10项，出版《中医文化地理论》等专著5部，参编国家级规划教材8部；荣获中华中医药学会学术著作奖三等奖、福建省教学成果奖一等奖、福建省民主同盟先进个人、校优秀教师、师德先进个人等荣誉奖项。

# 序一

在万物繁盛、百花竞放的季节，看到福建中医药大学彭榕华教授发来的《丝路香俗》书稿，心灵的花园里立时平添了一份诱人的芳香。一位从事古汉语和文献学研究的学者，在专业化程度相当高深的中医药王国里去选取既能突出学科特点，又适合表现个人学问之长、具有双重要求切入点的体裁来展现才华并推出新作，显然是要下足功夫做大功课的。

香是与人类休养生息相关的永恒主题，早在公元前 4500 年，香料就正式进入人们的生活了。《丝路香俗》一书，就是沿着这条脉络，从香文化的历史传承、制香技术与用香状况、香药典籍与香药研究、香料的中西方交流等角度出发，逐渐展开主题。

香味主要来源于天然植物，包括花、草、树木之类，以花为主；也有一部分来自动物，以及后来由人工合成。以花香为例，它的主要成分是一些芳烃结构的有机化合物。由于各种植物所含化合物的成分不同，因此不同的花就散发出不同的香味，如玫瑰的馨香是由牻牛儿醇化合物释放的，而柠檬的异香则是由柠檬萜烯散发的。也有一些花的花瓣内并没有芳烃类物质，但它所含的一种配糖体在分解时可以散发出芳香。还有一部分植物的油脂存在于叶部、树皮、根部、果实和种子之中，它的香味也产生于相应的部位。名贵的动物香料，如麝香、龙涎香、灵猫香、海狸香等，多由动物的香腺分泌，香味也可人工合成。在这些香药中，最受人们推崇的是麝香，中国俗语有云："有麝自然香，何必当风立。"

人们对香味的感受主要是嗅觉和大脑的作用（对食物中香味的体验也有味觉的作用），当香味随着吸气进入鼻腔时，嗅觉黏膜受到刺激后产生的冲动立即传到大脑皮层的嗅觉中枢，在这里产生的兴奋及其输出就使人得到了"香"的享受。说香味能为生活充电，并非夸大其词，这是香味本身的生理作用所决定的。香能使人心旷神怡，在花香馥郁的花园里走一遭，心态立时平静下来，呼吸、心跳、血压得到调整，机体的疲劳也随之消散了。香能使人胃口顿开，"色香味俱全"长久以来都被用于形容食物的诱人与美味，闻香涎出或闻香欲食是几乎所有人都有过的经历。香能杀灭病菌，给人以洁净健康的环境，尤其是某些植物中的有效成分，可谓是隐蔽的"反毒战士"，许多有害的致病微生物会在它的香味中丧生。例如，玫瑰花、白兰花、椰子花、茉莉花中含有的具有杀菌作用的化学物质有十几种到几十种不等，可以分别对多种致病微生物发起攻击，从而承担起保持环境净雅、保卫人体健康的重任。

香味的这些作用，自古就被人类认识并运用。三国时期的名医华佗，在对香药的应用中创造了把香药包入布中做成香囊的便捷方法，对肺结核、泄泻等疾病的防治都取得了满意的效果。南北朝时期的叙事诗《孔雀东南飞》中有"红罗复斗帐，四角垂香囊"的句子，证明这一方法的效用和普及程度。香囊中的中药大致为藁本、白芷、苍术、细辛、菖蒲、丁香、甘松、雄黄之类，具有散浊化湿、灭毒驱虫、醒脑爽身等作用。除了佩戴和悬挂香囊外，人们还创造了把新鲜的香味植物插于户外、用干燥的香材在居室内熏香、把香味中药藏于贵重的衣物中等形式，以达到与香囊相同或相近的效果。人们在生活中普遍使用的"五香粉""十三香"，更是香味被广泛应用的实例。五香粉的成分是胡椒、花椒、肉桂、荜茇、茴香、陈皮等香药，而十三香中有砂仁、肉蔻、肉桂、丁香、花椒、八角、小茴香、木香、白芷、山柰、良姜、干姜等，它们具有温中暖胃、驱浊辟秽、杀虫灭菌、刺激食欲的功能。

香药在疾病防治中发挥的作用更为显著，除用于防疫灭害、保护民生之外，还用于多种疾病的常规性防治，如大家熟知的具有理气消胀功能的木香顺气丸、具有清心开窍功能的安宫牛黄丸、具有防暑止呕功能的辟瘟丹、具有活血消肿功能的蟾酥丸、具有调中散寒功能的沉香温胃丸、具有舒筋镇惊功能的大活络丸等，无不是以香药作为主药。在历代中医药典籍中，香药治病的范围囊括内、外、妇、儿、骨伤各科和呼吸、消化、循环、内分泌诸系统。仅见于现行使用的中药学科教材中的香药就有60多种，分布在芳香化湿、开窍、温里、理气、解表、清热解毒、活血化瘀等多类药物中。

国外对香味运用最广泛的莫过于阿拉伯诸国，这与它们盛产香料有关。在埃及、印度、阿曼、也门等国，熏香是比较普遍的习惯，埃及的大街上经常可以看到手提香炉的专业熏香人。欧美各国则盛行香水，香水的销售额常年居高不下。

香味没有国界，香始终是国际文化和经济交流的重要内容之一。南朝刘文庆的《世说新语》中有"香寄韩寿"的记载，韩寿身上那种由"外国所贡"而"历月不歇"的香气，就是当时中外香料交流的佐证，与当时西域各国的沉香、檀香、乳香、郁金、香附子、诃梨勒等香药大量进入中国市场的相关史料记载完全一致。同样，中国香药也不断通过陆路、海路走出国门，为世界各国送去亚洲东方的芳香。

忆香、赞香、说香、论香、用香、送香，《丝路香俗》就是这样一本围绕香的主题写成的带有芳香韵味的书。其中，把香与丝路的传递联系在一起是它一个突出的亮点，是香与社会经济发展、香与国际文化交流关系的一道靓丽风景，具有积极的历史、现实和未来意义；把香的诸多话题归结为"香俗"，显然是从广义的概念出发的，这里的

"俗"不是一般意义上的俗，而是既俗又雅、雅俗共赏，具有"香学"的骨架和某些内涵，值得深思。

《丝路香俗》，读之使人受益。出于读后的直感，写上这些粗浅的感受，权作一段序言吧！

中华中医药学会学术顾问

中国科协全国首席科学传播专家

国家中医药管理局中医药文化建设与科学普及专家委员会委员

2023 年 6 月 1 日

# 序 二

展读彭榕华教授新作《丝路香俗》，大开眼界，也觉得应该让更多的读者看见。

香，是一种在生活中具有广泛应用价值和长期使用历史的物质材料，又是一个富有文化意蕴且可作为文明标志的精神符号。香的祛除病害的功能以及由此演化而来的陶冶身心、凝神静气的用途很早就被前人所发现。芳香植物的采撷与香品的生产、香料的中外交流成为古今生活中的一项重要内容，留下了丰富的实践记录和经验知识。香在古今精神生活中的作用不可替代。在民众的心里，香是供奉祖先最重要的祭品；是会友待客、吟诗作对、清神理气、烘托氛围、驱蚊除菌不可或缺的日常生活用品；久久缭绕的烟雾和香气是沟通古今的桥梁，也是外界与人们精神世界的媒介；在文人的眼里，香还是高洁品质的象征。用香已经成为中国人文化生活的重要内容和礼仪特征。

彭榕华教授的这本专著是关于香及其历史与文化的研究成果，给读者展现了丰富多彩的历史文化内容，相信一定会给读者带来有益的历史体验和生活借鉴。作者搜集材料用功甚勤，免去了读者查阅文献的辛劳，也是本书成书的难点之一。

彭榕华教授师从先师钱超尘先生，称我为师兄，此次嘱我作序，我自然不敢怠慢，谨写了拜读的一点心得，是为序。

王育林

北京中医药大学教授

博士研究生导师

中华中医药学会医古文分会名誉主任委员

2023 年 6 月 16 日

# 前　言

　　香俗是一个古老而又创新的命题。香的历史久远，发源于春秋战国时期，伴随着人类进步的步伐，走过了数千年的风雨兴衰。香与人类生活有着密切的关系，医者、文人、僧侣等许多领域的人物都对香的发展起到了至关重要的作用，而香俗，亦在文化的浸染下焕发出全新的风采。

　　中国古代的先民就有对天地、日月、星辰、风雨、雷电、山岳、河流以及动植物的崇拜和信仰，而这一切都源于原始先民对自然界的认知水平有限。人类对天总是怀着膜拜和崇敬的心理。祭祀的本质在于"向天求福佑"，后世所谓的"祝福"，是天人之间的意识交流，是天与人共同组成相辅相成的祭天文化体系。袅袅香烟，直达天际。香与祭祀的关系就在于香最早的功用——祭祀，"所有的原始民族都懂得焚香，向上苍祈福"。

　　不论中外，人们对香的认识都源于与自然界的相互作用。人们最初为了生存而在寻找食物的过程中偶然发现了香的存在，第一次通过感官领略到了香的发散给人生理和心理带来的愉悦感。

　　香道，是历史悠久的传统生活艺术的升华。制香、焚香、闻香，是体会人生和感悟生活的一种高品位的修行。

香，不仅芳香养鼻，还可颐养身心、祛秽疗疾、养心安神。人类对香的喜好，乃与生俱来的天性。香，在馨悦之中调动心智的灵性，于有形无形之间调息、通鼻、开窍、调和身心，妙用无穷，"燃我一生之忧伤，换你一丝之感悟"。

香在中国具有悠久的历史。人们开始用香的确切时间已无从考证。相关资料显示，中国人大约在公元前4500年就已发现某些植物具有治疗疾病的功效，而有焚香的记录则始于周朝。《尚书》云："至治馨香，感于神明。黍稷非馨，明德惟馨。"当时对香已经十分重视，焚香最早的作用就是祭祀。

香料之路是古代沟通亚、非、欧三洲之间贸易往来的主要海上通道。公元9世纪，威尼斯商人在君士坦丁堡购买东南亚所产的丁香、肉桂、豆蔻、胡椒等香料，转销欧洲获得了厚利。15世纪，欧洲人发现海上新航路后，葡萄牙人、荷兰人先后侵入香料产地，通过不等价交换和直接掠夺，将大批香料运往欧洲市场，获取了惊人的利润。这条将香料从东南亚运往欧洲市场的海上航路被称为"香料之路"。

对于香的制作，中国古代已经形成了一整套与中医学说一脉相承的理论，有十分成熟、完善的工艺体系，这也是中国传统文化中不可分割的部分。我国的传统香制作与中药炮制很相似，即以中药材和天然香料为原料，并总结出各种各样的配方。香药不仅芬芳馥郁，还有清新、安神、开窍等众多功能。人们把传统香的制作概括为"毒之于药，制之于法，行之以文，诚之于心"，即制作传统香要以天然香药材为原料，按照特定的程序和法度来完成，制香的人还要正心诚意，保持良好的心态。正是因为秉承了这一理念，传统香品才能成为芳香之物，更是开晦养生之药。

本书的编写从制香技术与用香、香文化的历史传承、香药典籍与香药研究、香料的中西方交流等角度出发，致力于让读者对香俗和香文化产生兴趣，有所了解。由于作者水平和时间有限，本书难免存在错漏之处，敬请广大读者批评指正。

彭榕华

2022 年 8 月

# 目 录

# 第一章　香与香俗

　　香，《说文解字》云："芳也。从黍从甘。"《春秋传》曰："黍稷馨香。凡香之属皆从香。"香的寓意广泛，本书的"香"指的是香料、香药。用香，是旧时民俗生活的一件大事，而由此衍生出的香文化，分布范围广，影响面更广。

　　香的种类繁多，一般产自南亚、东南亚以及我国广东、广西、海南等地。在秦代，人们对香的认识主要局限于兰、蕙、椒、桂；到了汉武帝时期，随着丝绸之路的打开，国内出现了外国进献的珍异香品；在隋炀帝时期，南洋诸国的各种香料更是纷纷进入中国。随着海上丝绸之路的开放，有关香料的各种贸易也打开了丝路沿途国家的市场，由此带来的不只是香品的交流，更多的是香文化的碰撞。

# 第一节　香文化与香俗

在古代，香作为生活中一项重要的工具，被古人视为连接想象世界的一个桥梁，是超凡脱俗的象征。香是具有生命的，香文化也是具有生命的。

## 一、香的起源与香文化

关于香的起源，中西方的说法大致相同。肖军在《中国香文化起源刍议》一文中，将中国古代香的起源归结为三种：祭天说、驱蚊说和辟邪说。丁谓在《天香传》中认为："香之为用，从上古矣。所以奉神明，可以达蠲洁。三代禋祀，首惟馨之荐，而沉水熏陆无闻也。"其首推奉神明之说。

### （一）香的起源

《周礼·秋官》云："翦氏掌除蠹物，以攻禜攻之。以莽草熏之，凡庶蛊之事。庶氏掌除毒蛊，以攻说襘之，以嘉草攻之。凡驱蛊，则令之，比之。蝈氏掌去蛙黾。焚牡菊，以灰洒之，则死。以其烟被之，则凡水虫无声。"其中，莽草用来对付蠹物，嘉草用来对付"毒蛊"，而牡菊则用以除蛙黾。这是早期人们发明的驱虫方法，而且一直沿用下来。《荆楚岁时记》记载："采艾以为人，悬门户上，以禳毒气。"尤以端午节最盛，在端午节，人们挂艾、插艾、制艾虎，其原因就是人们认为农历五月是"毒月"，而所谓的毒，指的是毒虫，熏艾可以驱虫避灾。正如《武林旧事》所记载："'插食盘架，设天师艾虎'，意思山子数十座，五色蒲丝百草霜，以大合三层，饰以珠翠、葵榴、艾花。蜈蚣、蛇、蝎、蜥蜴等，谓之'毒虫'。"

## 1. 祭天说

祭天说，与中国古代的祭天文化有关。中国古代先民有对天地、日月星辰、风雨雷电、山川河流以及动植物的崇拜和信仰，而这一切都源于先民对自然界的认识水平有限。正如陈烈在《中国祭天文化》一书中指出："宇宙既是满足需求的手段，至少同样也是供思索的对象。人对宇宙的所谓的'满足需要'，就是对赖以生存的物质需要，需要认识宇宙自然（天地）而获得、创造物质产品。由于认识水平和思维能力的低下，对宇宙天地自然规律的认识往往伴随着对神灵的祈求崇拜，也就是说人们进行物质生产活动实践的同时，也伴随着精神生产，依附于物质的精神、心理活动也同时进行。"

因此，在原始社会时期，"天"是人类最早认识的"神灵"。人类对天总是怀着膜拜和崇敬的心理。关于祭祀的本质，陈烈在《中国祭天文化》中又说："祭祀对象和祭祀仪式中也指出了祭祀的本质在于'主要向神求福佑'，后世所谓'祝福'，是人与神之间的意识交流，天与人共同组成相辅相成的祭天文化体系，体现着宗教和祭天文化的本质特征。""所有的原始民族都懂得焚香礼拜，向上苍祈福。这从字源里可以看出。英文的'perfume'不仅限于'香水'，而是广义的'芬芳'的意思，它来自拉丁文'parfumare'，穿过烟雾，天上的神明闻到袅袅上升的香气，满心欢喜，才会保佑人类五谷丰收，无灾无病。"同样地，傅京亮在《中国香文化》一书中也指出："从目前的考古发掘来看，在 6000 年前的祭祀活动中已经出现了燃烧柴木及烧燎祭品的做法（常称为'燎祭'）。"《说文解字》曰："寮，柴祭天也。""柴，烧柴寮祭天也。"而燎祭品的形式大致可分为两类：一类是易于燃烧的植物，如柴木、草、粮食等；另一类是陶器、石器、动物牲体等需借柴木之火焚燎的物品。

《说文解字》解释"香"："香，芳也。"上古时代，香主要用于祭祀。香只有通过火的焚烧才能变为祭品。所以《仪礼》中记载："祭天，燔柴。

祭山，丘陵，升。祭川，沉。祭地，瘗。"《周礼》云："以禋祀祀昊天上帝，以实柴祀日月星辰，以槱燎祀司中、司命、风师、雨师，以血祭祭社稷、五祀、五岳，以貍沉祭山林川泽，以疈辜祭四方百物。"而禋祀也是燔柴的一种形式。"燎柴升烟的祭礼常是'燔柴'祭，细分则有'禋祀''实柴''槱燎'等，盖为积柴燔烧，在柴上再置玉、帛、牺牲等物，燔烧的物品有别，但都要燔燎升烟。"由此可看出，燎祭燔柴的结果就在于"燔燎升烟"，升烟是最终的目的。试想，浩瀚无际的苍天对古人来说虚无缥缈，变幻莫测，人们无法触摸而只能瞭望，但在生活实践中人们却发现焚烧之后的袅袅青烟借助风力能扶摇直上青天，直接与天接触。因此，人们认为烟气能将人们的种种愿望传达给上天，烟气是人天相联的媒介、载体和桥梁，焚香、烧香的本质也在于用烟气通天。所以，祭天说具有一定的依据。

## 2. 辟邪说

关于辟邪说，《中国香文化起源刍议》列举的《吕氏春秋》中荆人畏鬼、楚人崇尚巫术和燃放爆竹的风俗，可以进一步证明这一点，但这种解释太过单一。祭天说与辟邪说是一脉相承的，肯定了祭天说，辟邪说自然成立。在人们的心目中，所谓的神和仙不在人间，只在天上。而香是人们召唤他们的手段和媒介，神或者仙之于人的最大效用在于他们能为人提供帮助，解决人所不能及之事，这也是人们求神拜佛的目的，而辟邪则是其中之一。当祸从天降，灾邪不断并且人们无法以自己的能力去解决时，神或仙则成了人们最后的期望。

正如《新纂香谱》中所说："香是神仙的'仙格'标志，往往作为神仙贵人降临、凡人升仙的先兆和氛围。"佛教非常提倡牛头旃檀香，《华严经》云："从离垢出，以之涂身，火不能烧。"《翻译名义集》引《正法念处经》说："此洲有山，名曰高山，高山之峰，多有牛头旃檀，若诸天与修罗战时，为刀所伤，以牛头旃檀，涂之即愈。以此山峰状如牛头，于此峰中，生旃檀树，故名牛头。"

我们可以理解香属于"仙物",具有特殊的效用。人们烧香、求神、拜佛,无非是向神祷告、祈愿,所以香有时也就成了帮助人们解决问题的重要工具和手段,正是因为香有辟邪的作用。《香谱》中记载了很多这类的香,并统称为"香异",如荼芜香,王子年在《拾遗记》云:"燕昭王时,广延国进二舞人,王以荼芜香屑铺地四五寸,使舞人立其上,弥日无迹。香出波戈国,浸地则土石皆香;着朽木商草,莫不茂尉;以薰枯骨,则肌肉皆香。"再如升霄灵香,《杜阳杂编》云:"同昌公主薨,上哀痛。常令赐紫尼及女道士冠,焚升霄灵香,击归天紫金之磬,以导灵升。"

**3. 驱蚊说**

驱蚊说有一定的现实性和科学依据,这源于人们的实际生活需求,而祭天说和辟邪说是从精神、心理层面满足人们的需要。如今,在一些少数民族的习俗中还保留着祭祀天地能驱邪禳灾的祭祀仪式,如藏族的煨桑仪式。据学者研究,"煨桑"是一种祭祀天地诸神的仪式,桑为藏语,意为"烟、烟火",这一点可以从学者们对它的起源所做的概括中得到证明:"煨桑"可以追溯到佛教传入西藏之前的时代。远古的藏人认为天地间无处不有神灵,《普慈注疏》记载,当聂赤赞普从天界来到人间时,人间多瘟疫,迎请神灵前需驱邪焚香,消除不净和秽气。另外,每当部落中的男子出征或狩猎归来时,部落的其他人员会聚集在部落的空地上,点燃一堆有香气的枝叶,让出征者从上面跨过,并不断地往他们身上洒水。当时,他们也许只是希望通过这种方式除掉出征者身上的血腥之气和污秽。后来,这种方式经过演变最终成为宗教仪式,但是具体内容也有了一些变化:人们不再从桑堆上跨过,也不再往人身上洒水,而是往桑堆上洒水,同时,煨桑的目的也从原来的祛除污秽变成了祭神祈福。后来,这一仪式在发展过程中与藏传佛教结合起来,规模变得更大,同时也更加盛行。

祭祀的最初目的在于清洁和洁净,这和驱蚊说有异曲同工之妙,驱蚊的目的也在于使人类生存的环境保持干净，人类自身得到净化。所以"蠲洁"和"煨桑"的最初含义是一致的，香起源于驱蚊说也是成立的。

　　而祭天说和驱邪说应该是香文化传承过程中功能和意义的演变与延伸。煨桑仪式在后期演变成了具有祭祀祈福的意义，可以从祭祀的对象和仪式上来分析。根据学者的调查研究，煨桑祭祀的对象众多，如祭祀山神和水神："祭山祭水，祭山，就在本地附近最高山头的神坛上，悬挂五彩经幡，并携带香枝和青稞酒等祭品进行煨桑祭祀山神；祭水，就是在本地较大的河边树枝上悬挂五彩经幡，同时在河堤上煨桑祭祀水神。"这与祭天说中关于对天的祭祀是一样的，天和山神、水神一样，都是祭祀的对象。

　　而举行煨桑仪式的地点，一般选择在家里或寺庙中，且桑炉是其中的主要器具，煨桑用的材料也主要以藏族家庭使用最普遍的食物或是植物原料为主，如柏、艾蒿、青松、糌粑等。过程是"先将柏树枝放置桑炉内点燃，然后再撒上些许糌粑、茶叶、青稞、水果、糖等，最后再用柏枝蘸上清水向燃起的烟火挥洒三次。煨桑者口诵'六字真言'"。

　　祭祀中，香枝和青稞酒都是敬神的祭品，把它们奉献给山神水神，透过祭品的馨香来感化神灵。这和祭天中燎烧祭品所散发的香气是一样的，香枝的清香和青稞酒的酒香能使得凡间众人为之迷离和倾倒。

　　其实，祭品对凡人而言也具有现实意义，燎烧祭品的过程是一个奇妙的转化过程。祭品通过火的焚烧，其存在的状态和性质都发生了质的转变，最后所凝结的精华就是冉冉上升的香气。由于香气的状态虚无缥缈，当香气分子开始扩散时，人们是无法留存和阻止的，因此在早期人类的认知水平中，对香气的无法掌控让他们将其归因于神谕的指示。

　　"具有物质形态的祭品对人而言很重要，但对神而言，香气才是他们所要追求的。"这种简单的思维模式让人们认识到了香气的重要性，这与中国古代燔燎升烟的性质是一样的，要想通神，必须有香气，而要有香气，则祭品必须被焚烧，整个过程必须在祭祀的活动中才能被合情合理地完成，最终，祭祀的意义也才能得到体现。通过人为创造的这种神圣的空间和环境，完成一套规范的约定俗成的神圣仪式而建立神人之间的一种无法言语，只能被个体所感知的心灵上的慰藉和精神上的升华。借由香气通神的作用，个体希望有求必应、消灾祈福的愿望也成为一种信息而被传达。而这些都必须通过祭祀才能完成。所以，香起源于辟邪说和祭天说也是成立的，两者都源于祭祀，祭祀才是香真正的起源。

### （二）香与文化的奥秘

不论中外，人们对香的认识都源于与自然界的相互作用，人们最初为了生存而在寻找食物的过程中偶然发现了香的存在，第一次通过感官领略到了香通过发散给人生理和心理上带来的愉悦感。

### 1. 香

与香有关的词很多，如香味、香气、香甜、香浓，人们对香的体会主要靠鼻去闻、嗅，这是我们对香最直接的认知。但在文献中，人们对香的定义却是多种多样的。香也可以称作"芳"，《太平御览》记载："《说文》：香，芳也。"陈敬在《陈氏香谱》中对"香"的定义是："香者，五臭之一，而人服媚之。"洪刍在《香谱》中写道："《书》曰：至治馨香，明德唯馨，反是则曰腥闻在上。《春秋传》曰："黍稷馨香。"而现代学者严小青在《新纂香谱》中则说："关于'香'，中国文字中约有三十种称呼：香之远闻曰馨香，香之美曰馺，香气曰香镰，其他的还有腌、觊、饯、袚、鈝、薜、铃、额、翰、饽、铌、谒等，它们表达了香的不同气息与特征。"美国学者奚蜜在《香：文学历史生活》一文中这样说道："无声无息，无影无踪的气味，当你一闻到它的存在时，它已经深入你的内部，留下难以磨灭的印记。气味撩起原初的感觉，唤醒当时的记忆，让你情不自禁，无从设防在我们的生活里，没有无臭无味的空气，正如没有无尘无菌的空间一样。自有人以来，就不曾停止过对香的依赖和喜爱。原始人觅食，求偶，自卫，都有赖于辨别气味的能力。"

正如中国人认识香，也是因为从事农耕的先民们在种植和食用粮食作物的过程中发现并感受到香的存在。也许偶然的一次来自外界的刺激不足以触动人们的认识欲望，但来自不同领域的生产实践能让人类不断地接触和感知到各种各样的香气，特别是嗅觉和味觉的与生俱来的感受和辨别能力，人们从认识一种香开始，到能识别出各种各样的香气，这当中除了能给人带来愉悦的香气，自然也包括令人讨厌的气息。随着人们思维和认识水平的不断发展，人们开始有意识地了解和研究香，凭借着生产知识经验的逐渐积累，人们不断地搜寻各种能产生香的物质，如鲜花、水果等。而且，人类天生就是具有欲望的生物，人们认识到了香的美好，自然会想要拥有它。以氏族和部落为单位而生活的人们开始寻找、采集各种他们认识并能控制的能够产生香的物质。创新和创造一直以来都在为人类的发展提供巨大的推动力，对香最简单的收藏方法正是人们最初为了拥有香所做的创新。把某些具有香气的植物晒干后储存起来以备不时之需，这也许是最原始的方法。不论是为了满足生存的需要，还是为了满足欲望，香就是一种客观的存在，人们总是孜孜不倦地追求它。

### 2. 香俗

香的产生主要是为了满足人们的需要，而香俗是与香有关的民俗，香和民俗都源于生产生活的需要。钟敬文先生在《民俗学概论》中对"民俗"下过定义："民俗，即民间风俗，指一个国家或民族中广大民众所创造、享用和传承的生活文化。民俗起源于人类社会群体生活的需要，在特定的民族、时代和地域中不断形成、扩散和演变，为民众的日常生活服务。民俗一旦形成，就成为规范人们的行为、语言和心理的一种基本力量，同时也是民众习得、传承和积累文化创造成果的一种重要方式。"

香是社会生活的一部分，不同的民族发明和创造出不同的用香方式。中国古代提倡使用不经任何方式处理的香，而阿拉伯人则发明了蒸馏工艺并成功提取了玫瑰精油，其传入中国后被称为蔷薇水，这也成为阿拉伯人的骄傲。香由人们发现并为人们所使用，不同地域环境孕育出不同种类的香，不同的人也依据自己对香的不同理解而不断进行体验和创造。随着时间流逝，人们的生活在不断改变，为了满足和适应人们的生活需求，香也在不断地发展。香与社会生活相联系，在社会生活中得到应用并在一定的民俗活动中显示出自身的特点，即香与民俗生活的结合透过民俗活动使自身被突显。社会不断发展和分化，新的知识和技术不断生成，香发展到一定时期便逐渐抽离生产生活，形成自身的一个门类体系。但是，它又不完全割断与生产生活的联系，当香必须满足人们的需求时，就会被应用到生产生活的某个方面。久而久之，在人们的不断调整和适应下，香与人们社会化生产生活所约定俗成的要求相结合而被纳入其中，形成了新的与香有关的社会知识和行为规范，这就是香俗。香这种客观实在物与民俗生活和民俗活动相结合，并在不同的时空中不断被建构，形成人们所熟悉的民俗活动。

## 二、香道文化

香道，是对历史悠久的传统生活艺术的升华，是一种通过在相对规范的程序中识香、六根感通、香技呈现、香法修炼等来体会人生和感悟生活的高品位的修行。香，不仅芳香养鼻，还可颐养身心、祛秽疗疾、养心安神。人类对香的喜爱是与生俱来的。香，在馨悦之中调动心智的灵性，于有形无形之间调息、通鼻、开窍、调和身心，妙用无穷。

### （一）香道

所谓"花气无边熏欲醉，灵芬一点静还通"，在古人心目中，香是与"道"相通的渠道。

香道，简而言之，就是"闻香之道"。具体而言，香道就是运用所掌握的香道知识，熏点、涂抹、喷洒香料，产生香气、烟形，令人处于愉悦、舒适、兴奋、宁静等气氛中，配合艺术性的香道道具、环境，再加上优美典雅的点香方法、闻香手法，经由以上种种引发回忆或联想，创造出相关的文学、哲学、艺术作品，从而使人们的生活更加丰富、更有情趣的一种修行。

香道博大精深。从香道在中国的历史来看，汉代之前用香以汤沐香、礼仪香为主，汉魏六朝博山式的熏香文化大行其道，隋唐五代用香风气更盛。宋元时，品香与斗茶、插花、挂画并称，为上流社会优雅生活中怡情养性的"四般闲事"。至明代，香学又与理学、佛学结合为"坐香"与"课香"，成为丛林禅修与勘验学问的一门功课。清代盛世时期，行香更加深入日常生活，炉、瓶、盒三件一组的书斋案供以及香案、香几成为文房清玩的典型陈设。但是，随着清朝国力衰弱以及西方文化侵入，香道日渐退出贵族和文人的清闲生活。如今更是乏人知晓"香道"一词，令人扼腕。

### （二）香道中的香

香道，是指通过呼吸去享受香气、养身健体、凝气安神的一种高尚优雅的方法。它始于中国，《礼记》中谈及殷商时代祭天、礼佛就有香炉问世，汉末的《名医别录》对其已有文字记载，至今已有几千年历史。

香道之中的香主要分四种：沉香、檀香、龙涎香和麝香。古人常说"沉檀龙麝"，四香之中以沉香为首。

沉香有蜜香、栈香、沉水香等别名，事实上是指香树上不同部位结出的不同品质的香。例如，树皮结出的香称青桂香；树的伤口上结的香按不同品质可分为角沉香、蜜香、鸡骨香、鸡舌香等；树主干上结出的香为栈香；靠近根部结出的香为黄熟香；根部结出的香为马蹄香。分类极其细致。而且，并非每棵香树都可以结出这么多的香，还需要外界条件的精妙配合，所以沉香才会如此珍贵。

天然沉香味辛、苦，性温，归肾、脾、胃、肺经。《本草纲目》提及沉香："咀嚼香甜者性平，辛辣者性热。"可以说，沉香是得雨露之精气的珍品，能疏通经络、辟邪安神，解风水之邪毒，治心神不定、恍惚不乐。无怪乎佛家大师坐禅也需先焚香，借助香的作用凝神聚气，才能安然入定。除此之外，沉香亦能入汤入药，以汤药的形式对人体发挥作用，如黄熟香就是最适合入药的香料。而香的精妙之处，至此才刚刚揭开序幕。

## 第二节　香药品类与用香器具

香品一词大致有三种用法：一指香料制品，类似茶品、食品，如熏烧类香品；二指香气的品质，如沉香香品典雅；三指香料、香药的品类，如麝香是一种名贵香品，此用法见于古代，现已少用，一般直接称为香料和香药。香品可按不同角度划分为不同的种类。同时，用香器具的种类也丰富多彩。典雅精美的香具，既便利了用香，又能增添情趣，装点居室，堪称生活中的一种妙物。

### 一、香药品类

香品据形态特征可分为线香、盘香等，据所用原料的种类可分为檀香、沉香等，因此一种香品（从不同角度划分）可归入多个种类。例如，采用天然香料檀香制作的线香，就形态特征而言属于线香；就所用香料的种类而言属于檀香；就所用原料的天然属性而言属于天然香。

#### （一）按原料的天然属性划分

香品按原料的天然属性划分可分为天然香料类香品（天然香）与合成香料类香品（合成香）。

天然香料类香品是以天然香料及其他天然材料（如中药材）为原料制作的香品。此类香品除气味芳香外，还有安神、养生、祛病等功效。天然香料是指以动植物的芳香部位为原料，用物理方法（切割、干燥、蒸馏、浸提、冷榨等）获得的芳香物质。一般来说，用生物工艺手段（如发酵）获得的反应产物也归为天然香料范畴。其形态可以是树脂、木块、干花等，也可以是天然香材的萃取物，如用物理方法提取的香精油、净油、香膏等。

## （二）按原料的品种数量划分

香品按原料的品种数量可分为单品香与合香。

（1）单品香：以单一香料为原料制作的香品。

（2）合香：以多种香料配制的香品。

## （三）按形态特征划分

香品按形态特征可分为固态香品与液态香品。

（1）固态香品：线香、签香、盘香、塔香、印香（篆香）、香锥、香粉、香丸、特型香、原态香材等。

①线香：直线形，单纯由香泥制成。

②签香：又称捧香、芯香，以竹、木等材料制作香芯，呈直线形。用竹签者常称为"竹签香""篾香"。

③盘香：在平面上回环盘绕（常呈螺旋形），许多盘香也可悬垂如塔，与塔香类似。

④印香：又称篆香。香粉回环萦绕，如连笔的图案或文字（篆字），点燃后可顺序燃尽，常用模具"香印"（即印香模、篆香模）框范、压印而成。印香在唐宋时已流行，现在的盘香即源自印香。

⑤香丸：以香泥制成的丸状的香。

⑥塔香：使用时以支架托起或悬挂于空中，下垂如塔。塔香源自（不迟于）明代的龙桂香。

⑦香锥：形如圆锥。

⑧瓣香：片状或段状的原态香材。瓣指一物自然分成或破碎而成的部分。

⑨特型香：特殊形状的香品，如元宝形、动物形等。有些精巧的动物香品腹中留空，香烟可从兽口吐出（类似动物形的香炉）。

⑩原态香材：芳香动植物原料经干燥、分割等简单加工制成的香品，

如木块、干花、树脂块等。

⑪香珠：一种或多种香药制成的圆珠（先研磨成粉粒状，再揉合成圆珠；或以香木雕成），可串成香串，道家、佛家多用之，常用作佩饰。

（2）液态香品：精油、香水、香膏。

①香精油：从天然芳香原料中萃取的不含固态物质与水分的液态芳香油。

②香水：多由香精、酒精、水组成，核心成分是香精（合成香料或天然香料）。

### （四）按工艺特征划分

香品按工艺特征可分为传统工艺香与现代工艺香。

（1）传统工艺香：以天然香料为原料，遵循传统的炮制、配方与制作规范，其优质者常有较高价值。

（2）现代工艺香：采用现代工艺加工技术制成，讲求气味芳香与外形美观，常使用化学制剂与化学技术，其芳香成分常为化学合成香料。

### （五）按香方特征划分

与中药方药相似，大多数传统香品都有特定的配方与炮制方法，有相应的特点与功效，也有相应的名称，一般一个配方对应一种香，故香品种类甚多，如六味熏衣香、宣和御制香、三神香、伴月香、寿阳公主梅花香。香方是划分香品的一个重要依据，一般来说，同一香方下的香品，即使形态不同，也有相同的功效。

### （六）按主体原料划分

以某一天然香料为主要成分的香品，常将此主体原料的名称用作香品名称，如沉香、檀香、柏子香、玫瑰香。其香气特征与主体香料基本一致，如用天然香料沉香制作的名为"沉香"的香品，"沉香"既是其香气特征，也是其主体香料。

不过，有些不含天然香料（如檀香木）而只使用有近似香气特征的合成香料（如化学合成的檀香香精）的香品，也会使用天然香料作为名称（如檀香），应注意区分。

## （七）按香气特征划分

香品按香气特征可分为沉香型、檀香型、柏香型、桂花香型等。

用天然香料和化学合成香料都可以调和模拟出各种香气类型，名为"檀香型""沉香型"的香品未必采用了天然的檀香或沉香。

有些传统香的名称指的是其香气特征，而不是指所用原料，如"××龙涎香""××梅花香"未必使用了龙涎香或梅花花瓣。

## （八）按基本功能划分

按香品自身的基本功能特点可分为美饰类、怡情类、修炼类、祭祀类、药用类、综合类等。

按香品在使用中的具体用途又可分为多种，如佛家香、道家香。

以这两种方法划分的类别并非一一对应，如佛家香也包括修炼类、祭祀类、药用类等多个类别。

（1）美饰类：注重以香气美化和装饰人、物品或环境。

（2）怡情类：注重增添诗意，怡悦性情，怡养情志。

（3）修炼类：注重平心静气，放松身心，开窍通经（适用于打坐、诵经、静心等）。

（4）祭祀类：注重品质洁净，清扬纯正。

（5）药用类：注重祛秽致洁，防治流疫，治疗疾患。

（6）综合类：注重其他功能。

## （九）按使用方法划分

香品按使用方法可分为熏烧、浸煮、佩戴、设挂、涂敷等。

（1）熏烧类香品：直接点燃，或借助其他热源（如木柴、电热片）

为香品加热。

（2）浸煮类香品：溶解、浸泡于液体（水、酒等）中使用（或对液体加热）。

（3）涂敷类香品：用于擦拭、涂敷，如香水、香粉、香膏。

（4）佩戴类香品：随身佩戴或携带，如香囊、香珠。

（5）设挂类香品：陈设或悬挂，如盛有香品的香盒、饰品等。

### （十）按烟气特征划分

香品按烟气特征可分为无烟香、微烟香、聚烟香等。

（1）无烟香：看不到烟气。

（2）微烟香：烟气浅淡。

（3）聚烟香：烟气凝聚，不易飘散。

## 二、用香器具

典雅精美的香具，既便利了用香，又能增添情趣、装点居室，堪称生活中的一种妙物。香具的种类很多，除了香炉外，还有香筒、熏笼、香插、香盘、香盒、香匙、香箸、火箸、火匙、香瓶、香囊、熏香冠架、玉琮熏炉等。

### （一）香炉

炉指贮火之器，香炉可解释为盛纳、熏烧香品的器具。东汉之前的"香"字，多指香气、芳香，不指香药、香品，也少有"香炉"一词，熏香的炉具常称为"熏炉"。汉魏之后，则"熏炉""香炉"并用，如纯金香炉、博山香炉。

香炉的种类繁多，可从不同角度划分。从炉器整体样式来看，可分为：

（1）拟礼器类：模拟古代礼器，如鼎。

（2）拟动植物类：模拟灵禽瑞兽、吉祥花卉等动植物造型，如龙、麒麟、象、鹤、凤、孔雀、莲花、海棠、竹节等。

（3）拟器物类：模拟各种器物，如筒、杯子、盏、鼓、台几等。

（4）拟景观类：模拟自然景观或建筑物，如山、塔等。

（5）拟几何体类：如长方体、球体等。

香炉是最常见的香具，其外形各式各样，有博山形、火舍形、金山寺形、蛸足形、鼎形、三足形等。材质多为陶瓷、石料或铜等金属。明清以来最流行铜香炉，因为铜炉不惧热，而且造型多样。其他材质的香炉一般需在炉底放置石英等隔热砂，以免炉壁过热而炸裂。

中国在室内焚香自战国开始，但是专门为焚香而设计的炉具一直到汉代才出现，其中最著名的是博山炉。

博山炉一般用青铜铸成。炉的基座部分状如承盘，盖上则饰以连绵仙山以及各式奇花异兽，盖上有孔使香气溢出。很明显，这种熏香除秽的观念及炉具的形制是受到当时流行的神仙方士思潮的影响。

在河北满城汉墓出土的错金博山炉，是博山炉中的极品。此炉通高26厘米，炉盖成山峦状，炉座饰卷云纹，座把透雕三条欲腾出海面的蛟龙，龙头承托炉盘，炉盘上是挺拔峻峭的山峦，象征道家传说中的海上仙境"博山"，山间有神兽出没，虎豹奔走，灵猴戏耍，还有猎人追逐逃窜的野猪，另有小树点缀山色。当烟气从镂空的山形中散出时，有如仙气缭绕，给人以置身仙境的感觉。刘向在《博山炉铭》中说："嘉此正器，崭岩若山，上贯太华，承以铜盘。中有兰绮，朱火青烟。"铭文用精辟的文字显示了博山炉的风采。汉代的香炉在当时地位很高。诸王出阁，汉武帝要专门赏赐香炉，表示一种恩宠。

到了唐朝，由于香料的消耗急剧增加，炉具的形制更加繁多，同时也发展出各种材质的炉器，有铜制品、陶瓷器、金银器等。这时期的炉具莫不雕镂精致，工艺华贵富丽。

宋朝时由于香料的广泛使用及烧瓷技术的跃进，最著名的官、哥、定、汝、钧五大官窑都制作过大量的香炉。这些瓷炉大多仿自古铜器的形制，如鼎、彝、鬲、簋等。但是，烧瓷这种工艺无法精确地表现一些细腻繁复的花纹，不能像铜炉那样精雕细琢，所以在烧制瓷炉的时候，一般使用简化、表面的图案。尽管瓷炉在细腻方面逊于金属香炉，但却显示出一种纯净之美。瓷炉自成一体的朴实简洁风格具有很高的美学价值。宋代瓷器特有的美感在中国美术史上拥有无可撼动的地位。瓷炉古朴雅致，温润如玉，置于案中清逸脱俗。中国人有很深的"玉情结"，所谓"君子温其如玉"，而瓷炉正好如玉如冰，反映了中国士大夫的审美观。

由于相对造价较低，宋代的瓷香炉逐渐由以上流社会赏玩为主转向用于祈神供祖为主，观赏的功能也逐渐降为从属地位，因此瓷香炉开始大量走入寻常百姓家。但是，瓷炉易碎，这个致命的缺陷使其最终还是无法取代铜炉。

宋代一些官宦士大夫家比较流行鸭形和狮形的铜香炉，称为"香鸭"和"金猊"。这在文学作品中经常出现，成为香炉的代名词。"香鸭"，就是鸭形的香炉。宋代黄庭坚《惜余欢·茶词》中有："歌阑旋烧绛蜡。况漏转铜壶，烟断香鸭。"周邦彦《青门饮》中有"星斗横幽馆，夜无眠，灯花空老。雾浓香鸭，冰凝泪烛，霜天难晓"。贺铸的《薄幸》词里也有"向睡鸭炉边，翔鸳屏里，羞把香罗暗解"，此处的"香鸭""睡鸭"都是用来熏香取暖的器具。"金猊"的炉盖为狻猊形，空腹，焚香时烟从口出。明代陆容的《菽园杂记》中记载："金猊，其形似狮，性好火烟，故立于香炉盖上。"前蜀花蕊夫人《宫词》之五二："夜色楼台月数层，金猊烟穗绕觚棱。"这些都是对当时使用香炉的生动描述。

铜香炉也有缺点。铜香炉一般为青铜所制，时间一长容易锈蚀，铜炉表面就会失去原有的光泽。这种现象一直到宣德炉的出现才得到彻底的改变。

宣德炉是运用黄铜铸成的铜器，这种合金拥有黄金一般澄亮的光辉，而黄金的颜色为中国人所喜爱。当时还没有提炼纯素、熔铸黄铜合金的技术，一直到暹罗国进贡天然黄铜矿石后，中国人才第一次见识到黄铜的魅力。宣宗皇帝曾亲自督办，差遣技艺高超的工匠利用进贡的几万斤黄铜，另加入国库的大量金银珠宝一并精工冶炼，制造了一批盖世绝伦的铜制香炉，这就是成为后世传奇的宣德炉。

据宣德炉谱记载，宣德炉的制作极为考究：首先，对材料制作要求很高，一般的铜只需要提炼 4～6 次，而宣德炉的铜材竟提炼多达 12 次；其次，完全按照《宣和博古图》《考古图》等典籍以及内府密藏形制款制大雅的宋元名窑所产的成品绘制图样，呈给皇上亲览，并说明图款的来源和典故的出处，经过筛选确定后，再铸成实物样品给宣宗过目，满意后方准开铸。

如此精心打造的宣德炉，形制优美典雅、质朴流畅，铜质精纯澄透、柔腻温润，将失蜡法铸造工艺表现得淋漓尽致，在当时蔚为风尚。宣德炉所具有的种种奇美特质，即使以现在的冶炼技术也难以复现。

### （二）熏炉

"熏炉"一词历史久远，西汉时已将博山炉称为熏炉。汉唐之前用香，大都借助燃料熏烧香品，火气较重，所用炉具也是典型的熏炉，大多设有炉盖。炉盖、炉腹及炉底有较多孔洞以助燃、散香。炉盖能防止火灰溢出，便于使用（可置于衣物下熏衣熏被），也可控制燃烧的速度，使香气的混合更为均匀。熏炉可分为三类：

（1）便于闷熏的香炉：炉身有一定的封闭性，利于闷熏炉里的香品，也能防止火灰溢出；大都设有炉盖，炉腹及炉盖上有较多的壁孔。

（2）便于熏烤香品的香炉：不直接点燃香品，而是用热源（木炭、炭饼、电热装置等）间接地熏烤香品，催发香气；可有盖或无盖，炉腹容积不宜太小，也可设置壁孔。

（3）便于熏染其他物品的香炉：使炉外物品（如衣物、被褥）染上香气；可有盖或无盖，熏香时大都不用炉盖，汉晋时期即有许多此类熏炉，常用于熏衣。

### （三）承香炉

承香炉约出现于宋代，元代之后广泛应用，较多使用能独立燃烧的香品，如印香、线香、签香、塔香，不必用炭火。焚烧这些香品的香炉大致有两类：一类是有炉盖的熏炉，近似汉唐时期的熏炉，但体积较小，有的炉具炉盖简易，焚线香时便于取下；另一类是无炉盖和壁孔的香炉，其功能主要是承托、容纳香品及香灰，而不是贮火和闷熏。

### （四）卧炉

卧炉用于熏烧水平放置的线香。炉身多为狭长形，有多种造型，可有盖或无盖；也有类似香筒的横式香熏，形如卧倒的、镂空的长方体，长方体的整个上平面作为炉盖，或将炉盖设在一端。

### （五）印香炉

印香炉又称篆香炉，用于焚烧印香。炉面平展开阔，炉腹较浅，下部铺垫香灰，用印香模具在香灰上框范出印香；可有盖或无盖；也有条几形的篆香几，以及多层结构的印香炉，可将印香模、香粉等放在下层。口径较大的普通香炉以及平展的香盘也可用于焚烧印香。

### （六）多穴炉

多穴炉形如多个熏炉连接在一起，炉腹互不连通，可同时熏烧多种香品。此类香炉数量很少，曾见于广州南越王墓。

### （七）提炉

提炉又称提梁香炉，带有提梁，便于提带。

### （八）柄炉

柄炉又称长柄香炉、香斗，带有较长的握柄，一端供持握，另一端有一个小香炉。香炉有各种样式，熏烧的香品多为香丸、香饼、香粉等。可在站立时或出行时使用，可手持炉柄，炉头在前；也可一手持柄，一手托炉。此类香炉在佛教中使用较多，魏晋至唐代尤其流行。

### （九）手炉

手炉主要用于取暖，也可熏香。炉盖镂空成各式纹样，炉身常錾刻图案。外形圆润，有圆形、方形、六角形、花瓣形等。可握在手中、置于衣袖间，或有提梁供随身提带；也有较大的用于暖脚的脚炉。炉内可放炭块或有余热的炭灰。手炉盛行于明清，制作工艺也十分精湛。

### （十）香囊

香囊是用于填装香品的织袋，一般以锦制作，内装香料、香粉、干花、中药材等。香囊一般佩戴在身上，也可以悬挂于帐内作为饰物。

香囊质地种类很多，有玉镂雕、金累丝、银累丝、点翠镶嵌和丝绣的；形状各异，形制多为两片相合，中间镂空，也有的中空缩口，但都必须有孔透气，用以散发香味。香囊的顶端有便于悬挂的丝绦，下端系有百结系绳、丝线彩绦或珠宝流苏。《岁时广记》中提及一种"端午以赤白彩造如囊，以彩线贯之，摘使如花形"的香囊，还有一种"蚌粉铃"："端五日以蚌粉纳帛中，缀之以绵，若数珠。令小儿带之以吸汗也。"这些随身携带的袋囊一般是从端午节开始佩戴，里面所装填的东西也各有不同，从吸汗的蚌粉，驱邪的灵符、铜钱，辟虫的雄黄粉，发展到香料，制作也日趋精致，成为端午节特有的民间工艺品。

佩戴香囊之俗在民间十分盛行。"榴花角黍斗时新，今日谁家不酒樽。堪笑江湖阻风客，却随蒿艾上朱门。"这首古诗描述的正是当时人们欢度端午佳节的种种习俗。端午节前后，人们除了吃粽子、插艾叶以外，还要给孩子们戴上香囊。

洪刍在《香谱》中则提到李后主自制的帐中香，即以丁香、沉香、檀香、麝香等各一两，甲香三两，皆细研成屑，取鹅梨汁蒸干焚之。唐朝同昌公主的步辇缀五色香囊，每出游，芬香满路。宋代的贵夫人们在车里也悬挂香囊，已经是一种风尚。陆游在《老学庵笔记》里特别记下了这种风尚："京师承平时，宗室戚里岁时入禁中，妇女上犊车，皆用二小鬟持香球在旁，而袖中又自持两小香球，车驰过，香烟如云，数里不绝，尘土皆香。"晏殊的"油壁香车不再逢，峡云无迹任西东"以及李清照的"来相召，香车宝马，谢他酒朋诗侣"，"香车宝马"就是指这种悬挂香囊的车。

　　香囊是随身之物，是十分私人的物品，所以常常被赋予特殊的意义。三国魏国朝繁钦在《定情诗》中云："何以致叩叩，香囊系肘后。"《旧唐书·杨贵妃传》记载，安史之乱后，唐玄宗自蜀地重返京都，念及旧情，曾秘密派人改葬贵妃，但挖开旧冢时发现"初瘞时以紫褥裹之，肌肤已坏，而香囊仍在。内官以献，上皇视之凄惋……"。这里记载的香囊，据说是由金银制作的不易腐坏的香囊。唐代诗人张祜曾有《太真香囊子》一诗，专门描写唐玄宗对杨贵妃的思念："蹙金妃子小花囊，销耗胸前结旧香。谁为君王重解得，一生遗恨系心肠。"宋秦观《满庭芳》："销魂，当此际，香囊暗解，罗带轻分。"更是将香囊直接比作恋人。另外，《红楼梦》中对香囊的描写也十分传神。

### （十一）熏笼

　　熏笼是用来熏衣的器具。在湖南长沙的马王堆一号墓出土的文物中，就有用于熏衣的特制熏笼。蔡质《汉官仪》记载："尚书郎入直台中，给女侍史二人，皆选端正。指使从直女侍史执香炉，烧熏以从入台中给使护衣。"可见，汉代用香熏烤衣被是宫中的定制，并且专门设有用香熏烤衣被的女侍史。当时还有专门用于香熏烤衣被的曝衣楼，所以有一首古宫词这样写："西风太液月如钩，不住添香折翠裘。烧尽两行红蜡烛，一宵人在曝衣楼。"

　　唐代熏笼盛行，覆盖于火炉上供熏香、烘物或取暖。《太平御览·东宫旧事》记载："太子纳妃，有漆画熏笼二，大被熏笼三，衣熏笼三。"反映当时宫中生活的宫体词也有很多提到了这种用来熏香的熏笼，如唐代王昌龄的《长信秋词》："熏笼玉枕无颜色，卧听南宫清漏长。"白居易的《宫词》："红颜未老恩先断，斜倚熏笼坐到明。"前蜀薛昭蕴的《醉公子》："床上小熏笼，韶州新退红。"温庭筠的《清平乐》："凤帐鸳被徒熏，寂寞花锁千门。"西安法门寺出土了大量金银制的熏笼，都是皇家用品，均雕金镂银，精雕细镂，非常精致。

### （十二）熏球

熏球又称香球，是古代用来熏香衣被的奇巧器具。

熏球用于燃烧香料，不同于熏炉，是可以随身携带的袖珍型用具。熏球呈圆球状，带有长链，球体镂空并分成上下两半，两半球之间可相连接。装置两个环形活轴的小盂，重心在下，利用同心圆环形活轴起到机械平衡的作用，故无论熏球如何转动，都只有两个环形活轴随之转动，而小盂始终保持水平状态。基于这种精巧的设计，即使把熏球放到被子里也不会倾覆熄灭，所以也称之为"被中香炉"，其原理与现代用于保持仪表平衡的陀螺仪相同。《西京杂记》记载："长安巧工丁缓者，为常满灯……又作卧褥香炉，一名被中香炉。本出房风，共法后绝，至缓始复为之。为机环转运四周，而炉体常平，可置之被褥，故以为名。"

目前发现的熏球都是唐代之后的。1963 年，西安市沙坡村唐墓出土了一批金银器，其中有一件银熏球，直径 5.5 厘米，后被收入中国国家博物馆。这个熏球用切削、抛光、铆接等工艺技术制作，通体镂空，花饰为织物状忍冬花纹。此件银熏球是由高超的工艺和科技相结合的代表作品，显示了唐代匠师们的高超工艺。

陕西扶风法门寺塔下地宫出土的金银器中有一件鎏金双蜂团花镂空银熏球，直径 12.8 厘米，是迄今国内发现的最大的熏球，饰有十朵双蜂团花，蜜蜂飞翔在花朵间，似乎能闻到花香。法门寺地宫内《物账碑》说唐僖宗供养"香囊两枚，重十五两三分"，并且称其为"香囊"。

### （十三）其他用具

（1）香插：用于插放线香的带有插孔的基座。基座高度、插孔大小、插孔数量各异，以匹配长短粗细不同规格的线香。

（2）香盘：又称香台，是焚香用的扁平的承盘，多用木料或金属制成。

（3）香盒：放置香品的容器，又称香合、香函、香箱等。形状多为扁平的圆形或方形，材质多为木质，体积大小不等。香盒既用作容器，也是装饰香案、居室的物品。这些香具如今都已发展成精巧的工艺品。

## 三、用香之法

### （一）祭祀

香在中国具有悠久的历史。人类好香为天性使然，人们开始用香的确切时间已难以考证。相关资料显示，中国人大约在公元前 4500 年就已发现某些植物具有治疗疾病的功效，而关于焚香的记录则始于周朝，《尚书》说："至治馨香，感于神明"，将香和神明联系在一起。从这种说法来看，当时对香已经十分重视，因为神明在当时代表至高无上的意义。

烧香最早的作用是祭祀。由于祭祀是一个国家的行政行为，因此烧香是完全由国家掌握的，由专门的人员——祭司来执行。周人升烟以祭天，称作"禋祀"。《诗·周颂·维清》说："维清缉熙，文王之典。肇禋，迄用有成，维周之祯。"笺：文王受命，始祭天而枝伐也。这就是说，这种祭制始于周文王。《周礼注疏》载："三祀皆积柴实牲体焉，或有玉帛，燔燎而升烟，所以报阳也。"疏："禋，芬芳之祭。"即以香烟祭天，也就是后世所说的"烧香"。丁谓《天香传》云："香之为用，从上古矣。所以奉神明，可以达蠲洁。三代禋祀，首惟馨之荐，而沉水熏陆无闻也。其用甚重，采制粗略。"

在这一时期，香事有以下特点：一是香品原始，为未加工的自然物，还不是后世正规意义上的香料（树脂加工而成）；二是自然升火，不用器具，如后世的香炉；三是专用于祭祀，而祭祀由国家掌握，烧香还没有民间化。

《易经》也谈到香，《韩江闻见录》之揲筮占易说："置香炉一于格南，香合一于炉南，日炷香致敬。将筮，则洒扫拂拭，涤砚一，注水，及笔一、墨一、黄漆板一，于炉东，东上。筮者齐洁衣冠，北面，盥手焚香致敬。"

在《易经》成书的时代里，焚香不仅仅用于祈求上界神灵指示日常的行事，香气的感受也被提升为人们品格行为的指针，由此可知中国香文化源远流长。

在当时，使用不同的香代表着不同的身份，《封禅记》记载："诏使百辟群臣受德教者，先列珪玉于兰蒲，席上燃沉榆之香，舂杂宝为屑；以沉榆之胶和之为泥，以涂地，分别尊卑华戎之位也。"

汉武帝时期，由于汉武帝信奉道教，用香来拜仙，而不仅仅用来祭天，于是烧香祭祀之俗兴盛了起来。

中国古代的神仙思想远在战国时就已出现。秦汉之际，神仙方术尤为兴盛。神仙被寄托了现世幸福的愿望，赋予了平安顺遂的祈祷，铭刻了飞黄腾达的理想。汉代是中国道教最兴盛的时代。秦朝的覆灭使依靠严刑峻法治国的法家理论逐渐衰败。汉初奉行黄老之术，虽然使社会矛盾得到了缓解，但未能防止封建社会固有矛盾的发展，以至于到汉武帝时，鉴于历史上"圣人以神道设教而天下服矣"的经验，开始借助神道的威力。汉武帝即位之后，"尤敬鬼神之相"，重用神仙方士。此时，董仲舒的宗天神学也应运而生。以董仲舒为前导，在汉王朝的支持下，谶纬神学逐渐兴起，西汉末年尤为盛行。东汉光武帝即位以后，更是大力提倡谶纬神学，使之成为官方之学。

香烟的缥缈和神仙的气氛是完全吻合的，香成为一种联系人神的非常重要的精神工具，袅袅香烟似乎能够搭起人神之间沟通的桥梁。在神仙信仰盛行的汉代，香文化得到了极大的发展。开始时，香祭仅用于祭天，但由于汉武帝奉仙，对神仙极为敬仰，因此汉代打破了这个传统。

宋代吴曾的《能改斋漫录》载："又按汉武故事亦云，毗邪王杀休屠王，以其众来降。得其金人之神，置甘泉宫。金人者，皆长丈余，其祭不用牛羊，唯烧香礼拜。然则烧香自汉已然矣。"汉武帝还曾遣使至安息国（今伊朗境内）了解到安息国的祭祀方法。《汉书》云："安息国去洛阳二万五千里，北至康居，其香乃树皮胶，烧之通神明，辟众恶。"所谓"树皮胶"就是树脂，这是真正意义上的香料。

　　不过，当时的祭祀用香是十分昂贵的，并没有在民间普及。《三国志》中说："魏武令云：天下初定，吾便禁家内不得熏香。"可见，焚香即使在宫廷中也是件奢侈的事。隋唐以后，烧香就开始在民间普及了。原因之一是"西（西域）香"被"南（两广、海南）香"取代。南香的大量涌入，使香的价格大大降低；另外，佛道二教从六朝以来均处于至尊的地位，二教尚香，《香史》中说："返魂飞气，出于道家；旃檀枷罗，盛于缁庐。"

　　几乎在所有的佛事活动中都要用香。不仅敬佛供佛时要上香，在高僧登台说法之前也要焚香；在当时广为流行的浴佛法会上，要以上等香汤浴佛；在佛殿、法坛等场所常要泼洒香水。佛教和道教对香的使用极大地促进了民间烧香风俗的普及。据《贞观纪闻》记载，隋炀帝杨广每年除夕之夜，都要在殿前设火山数十座，每一山烧香木数车，再灌浇甲煎，火焰高数丈，香闻数里。

　　到了宋代，烧香之俗更为盛行，连士人拜祭孔子也会烧香。于是，烧香成为遍及全国的一种风尚，这种风尚一直延续至今。

### （二）熏香

　　古人很早就注意到了香的妙用，熏燃香料可驱逐异味。在春秋时期，古人就通过焚烧艾蒿以驱邪。在中国的历史典籍中有很多这方面的记载。《周礼》说："翦氏掌除蠹物，以攻禜攻之，以莽草熏之，凡庶蛊之事。"郑玄注："莽草，药物杀虫者，以熏之则死。"《山海经·中山经》云："又东北一百五十里，日朝歌之山……有草焉，名曰莽草，可以毒鱼。"所谓"莽草"，是一种有毒的植物，主要用于驱虫。屈原在《九歌》中提出，要用桂木做栋梁，用木兰做屋椽，用辛夷和白芷点缀门楣，其目的也是用这些香木驱邪。

　　在汉武帝时期，除了烧香祭祀之外，熏香以驱邪除臭也蔚为风尚。

熏香最早成为宫中的习俗，大多用来熏炙衣被。史书记载，汉武帝本人爱香成癖，用香也非常奢靡，皇宫之中，殿内殿外，香云缭绕，昼夜不歇。汉武帝时有一个"西国献香"的传说：汉武帝时，弱水西国，有人乘毛车以渡弱水，来献香者……当时武帝并不认为香有特别之处，未加重视使用，后来长安发生大瘟疫，西国使者焚"月支神香"解除了长安瘟疫，汉武帝才对香刮目相看，后来还燔"百和之香"以候王母。

为了熏香，汉武帝还专门遣人根据道家关于东海仙境博山的传说制作了博山炉，这种造型雄奇独特的香炉影响久远，后朝历代都有仿制。博山炉出现之后，熏香的风俗更加普及。1972年，湖南长沙发掘出马王堆汉墓，该墓的年代为汉文帝十三年（前167年），在一号汉墓中，发现尸体手中握有两个熏囊（香囊），内装有药物。另外，在椁箱中发现了四个熏囊、六个绢袋、一个绣花枕和两个熏炉，也都装有药物。这些药物为辛夷、桂、花椒、茅香、佩兰等，都是香药。可见，当时人们随身携带香囊、香枕、香炉等来防治疾病、辟秽消毒、净洁环境，已形成一种习俗。

熏香在南方两广地区尤为盛行，甚至还传到了东南亚，在印度尼西亚苏门答腊就曾发现刻着西汉"初元四年"字样的陶熏炉。

魏晋以来，熏香已成风气。魏武帝曹操热衷香药，《太平御览》记载，曹操曾下令"房室不洁，听得烧枫胶及蕙草"。《晋书·王敦传》记载，东晋巨富石崇家的厕所"常有十余婢侍列，皆有容色，置甲煎粉，沉香汁，有如厕者，皆易新衣而出。客多羞脱衣"。一次，平素崇尚节俭朴素的尚书郎刘寔去石崇家"如厕，见有绛纹帐，茵褥甚丽，两婢持香囊，寔便退，笑谓崇曰：误入卿内耳"。可见，当时熏香已经成为一种时尚。

后来，随着香料品种和数量的增加，熏香在民间的应用也越来越广泛。一般来说，相对于北方而言，南方熏香更为普遍，周邦彦《满庭芳》云："地卑山近，衣润费炉烟。"颜博文《颜氏香史》云："不徒为熏洁也，五脏惟脾喜香，以养鼻通神，观而去尤疾焉。"

南方多瘴疠，多蚊虫，所以用熏香驱邪辟秽、去疾、驱虫的观念非常普遍。正如明代屠隆在《考槃余事·香笺》中所说："（香）可祛邪辟秽，随其所适，无施不可。"

宋代还出现了新的熏香方法——隔火熏香：先将特制的小块炭烧透，放入香炉中，然后用细香灰填埋；在香灰中戳些孔，再放上瓷片、银叶、金钱或云母片制成的"隔火"盛香。如此慢慢地熏烤，既可以消除烟气，又能使香味的散发更加舒缓。熏香方法可谓极尽巧思。

宋代之后，香已经成为普通百姓日常生活中的一部分。在居室厅堂里有熏香，在各式宴会庆典上也要焚香助兴，而且还有专人负责焚香的事务；不仅有熏烧的香，还有各式各样精美的香囊、香袋可以挂佩；在制作点心、茶汤、墨锭等物品时也会调入香料；集市上有专门供香的店铺，人们不仅可以买香，还可以请人上门做香；富贵之家的妇人出行时，常有丫鬟持香熏球陪伴左右；文人雅士则多设香斋，不仅用香、品香，还亲手制香，并呼朋唤友，一同鉴赏品评。

从宋代的史书到明清小说的描述中都可以看到，宋代之后的香与人们生活的关系已十分密切。

## （三）佩香

古代很早就有佩戴香的风俗，《尔雅·释器》曰："妇人之祎，谓之缡。"郭璞注："即今之香缨也。"《说文·巾部》曰："帷，囊也。"段玉裁注："凡囊曰帷。"《广韵》曰："缡，妇人香缨，古者香缨以五彩丝为之，女子许嫁后系诸身，云有系属。"这种风俗是后世女子系香囊的起源。《山海经》记载："熏衣草佩之可以防病，荀草服之美人色。""熏衣草，麻叶而方茎，赤华而黑实，臭如靡芜，佩之已厉……迷谷，其状如谷而黑理，其华四照，佩之不迷。"荀草是一种香草，佩戴在身上可以防病，服之可以美容。而佩戴薰草，香似莞，可以治疗皮肤病；佩戴迷谷，能使人精神清爽而不迷。可见，当时对所佩戴的香草已经十分讲究了。

屈原在《离骚》中借用芳草等香物来比喻有才华、品德高尚的人，当时身上带香已经是一种有学识、有身份的象征。从《离骚》对香木、香草的咏叹中我们可以了解到很多春秋时期的佩香习俗："扈江离与辟芷兮，纫秋兰以为佩。""户服艾以盈要兮，谓幽兰其不可佩。"纫就是搓、捻的意思，也就是将秋日的兰草搓成细绳佩戴在身上。还有一种是在腰间围上艾蒿。在这个时候，佩香甚至成为一种日常的礼仪。《礼记·内则》记载："男女未冠笄者，鸡初鸣，咸盥漱，拂髦总角，衿缨皆佩容臭。"所谓容臭，就是香囊。郑玄云："容臭，香物也。"陈澔注："助为形容之饰，故言容臭，以缨佩之，后世香囊，即其遗制。"朱熹解释，佩戴容臭是为了接近尊敬的长辈时，避免自己身上有秽气而冒犯到他们。《礼记》中还说："妇或赐之饮食、衣服、布帛、佩帨、茝兰，则受而献诸舅姑。"指出凡妇人赐受白芷、佩兰等香药，一般都会敬献给公婆。

汉代佩香也是一种风尚。汉朝《汉官曲制》记载："尚书郎怀香握兰，趋走丹墀。"蔡质的《汉官仪》则记载："尚书郎含鸡舌香伏奏事。"也就是说，百官上朝必须随身佩香，尚书郎奏事须口含鸡舌香。《香谱》记载："金日磾入待，欲衣服香洁，变膻酪之气，乃合一香以自熏，武帝亦悦之。"

魏晋之时，佩戴香囊更成为雅好风流的一种表现。后世，香囊则成为日常佩戴的饰物。

### （四）香篆

香篆，也称为"香印"，就是用模具把香粉压成特殊的图案或文字，然后点燃，循序燃尽。由于形似篆文，所以称为"香篆"。《红楼梦》中有一首著名的《中秋夜大观园即景》，黛玉和湘云有"香篆销金鼎，脂冰腻玉盆"的对句，指的就是这种香。宋代洪刍的《香谱》记载："香篆，镂木以为之，以范香尘。为篆文，燃于饮席或佛像前，往往有至二三尺径者。"

在很多地方，香篆还被用作计时的工具。洪刍的《香谱》记载："（百刻香）近世尚奇者作香篆，其文准十二辰，分一百刻，凡燃一昼夜已。"
即将一昼夜划分为一百个刻度，一盘香篆刚好一昼夜燃烧完毕。寺院中
常用这种香篆作为计时器。元代著名的天文学家郭守敬就制出过精巧的
屏风香漏，通过燃烧时间的长短来对应刻度以计时。这种香篆，不仅是
计时器，还是空气清新剂和夏秋季的驱蚊剂，在民间流传很广。宋代熙
宁年间出现了一种午夜香刻，据宣州石刻记载："穴壶为漏，浮木为箭，
自有熊氏以来尚矣。三代两汉迄今遵用，虽制有工拙而无以易此……照
宁癸丑岁，大旱夏秋无雨，井泉枯竭，民用艰饮。时待次梅溪始作百刻
香印以准昏晓，又增置午夜香刻如左：福庆香篆，延寿篆香图，长春篆
香图，寿征香篆。"这是用香计时的经典作品。

# 第二章 制香技术与用香

"袅袅香烟，灵动飘逸，上通苍穹，下怡性情。"传统香能悠然于书斋琴房，又可缥缈于庙宇神坛；能在静室闭关默照，又能于席间怡情助性；能安神开窍，又可化病疗疾。

当今社会，传统香越来越受到人们的欢迎，它不仅可在寺院、茶社、宾馆、写字楼等公共场所使用，也很适合在家庭中使用，读书、会客、写字、作画时点一炷清香，可以养心安神，使人神清气爽、身心放松。

对于香的制作，中国古代就已经形成了一整套与中医学说一脉相承的理论，有一个十分完善的工艺体系，这也是中国传统文化中一个密不可分的部分。我国的传统香制作与中药炮制很相似，是以中药材和天然香料为原料，有各种各样的配方，不仅馥郁芬芳，还有清心、安神、开窍等功能。人们把传统香的制作概括为"毒之于药，制之于法，行之以文，诚之于心"。制作传统香要以天然香药材为原料，按照特定的程序和法度来完成，制香的人还要正心诚意，保持良好的心态。正是因为秉承了这一理念，所以传统香品不仅成为芳香之物，更成为强身健体、修身养性之药。

# 第一节　天然香料的制作

传统香的外形丰富多彩，经常使用的有线香、盘香等。我国传统香的制作一共分六个步骤，包括制备原料、和料、成型、晾晒、包装、窖藏。制作传统香之前，首先要制备好所需的原料。

## 一、天然香料的提取

传统香的原料由香药、木粉、黏结料、附加性材料组成。首先，香药是传统香最核心的部分，它决定了香气的特征、香的功效，以及香的品级和档次。香药的配方与中药配方有异曲同工之处，都是制香人通过实践总结出来的。香药包括天然香料和一些中药材，由于天然香料基本也属于中药材，所以历史上香和药是不分开的，统称为香药，这也是现代香和传统香的不同之处。制作传统香首先要综合考虑香的用途、香型、品味等因素，再根据这些基本要求选择香料或药材。采购来的香药即使品质优良，也仍然是生香药，若直接用来制香，则无法呈现其真正的功效，甚至适得其反，因此需要对香药进行炮制。香药炮制是传统香制作过程中十分重要的一个环节，对技术的要求也比较高，甚至炮制的时间、容器的质地也有很多讲究。

### （一）制备原料

下面以最常用的原料——檀香介绍一下香料的炮制方法。

檀香要去火，因为檀香树生长在炽热的南方，其火性较大，若单独制香则易使人气浮上燥，所以要先用茶叶、清茶或者团茶去其火，这是一种最常用、最基本的方法。

（1）首先，将大块的檀木劈成长 2～3 厘米、粗 3～5 毫米的尺寸，这样有利于后面研磨工序的进行，并将劈好的檀木全部倒入盆中。

（2）准备一套砂质茶具、一壶开水、上等的乌龙茶和云南团茶。

（3）用开水冲洗一遍茶具，放入茶叶；茶叶需要先冲洗一遍才能使用。等到第二遍茶浸泡好以后，把茶水均匀地倒入装有檀木的盆中，并将茶叶一起洒入盆中，这样可以使茶叶的香气与檀香混合。

（4）茶水和茶叶洒匀之后盖住盆口，防止檀木的香气外泄，檀木要在茶水中浸泡约 72 小时，并且每隔 5 小时翻动一次。

（5）最后把檀木晾干，将浸泡好的檀木均匀地摊开，放在通风较好且没有阳光的地方阴干，直到干透为止。

（6）准备一瓶粮食酒和一瓶蜂蜜，通常每 500 克檀木需要粮食酒 200 克、蜂蜜 100 克。用粮食酒将蜂蜜稀释，可以加一点开水，有助于蜂蜜的稀释；将晾干的檀木倒入稀释好的蜂蜜中，不断翻动，使檀木全部浸匀蜂蜜。

（7）密封放置 3 天，每天翻动一次。3 天后再将檀木晾干，将炮制好的檀木均匀摊开，放在通风较好且没有阳光的地方阴干，直到干透。

（8）最后一道工序就是对檀木进行炒制。将晾干的檀木放在锅中炒制，先用大火炒 5 分钟，再用中火炒 20 分钟，最后用小火炒 10 分钟，锅上有紫色气体升起就说明檀木已经炒好。

将配方中开列的各种香药一一炮制之后，将香药按比例混合起来，称为配药。传统香通常由十几种香料配比炮制而成，制香工艺者通过不断地实验和总结，归纳出上百种配方，这些配方具有不同的功效，如由沉香、白檀、甘松、白芷、零陵、藁本等材料组合而成的香药具有安神、醒脑的作用。

配药完成以后，就要用专用的设备把这些药磨碎。古代一般使用石磨、药碾子等工具来研磨香药，现在则有专用的研磨设备，反复几次把配药研磨成粉末，也称为香粉。有些香药不适合与其他香药混合在一起研磨，需要单独处理，如一些树枝类的香药，或容易挥发的香药，大多需用药碾子单磨，通过筛网筛掉颗粒粗的香药，剩下的就可以与其他香药混合。到这步，制香原料中最重要的一部分就已经完成了。这些香粉可以直接用来制作香包、香枕等香用品。若要制作熏烧的香，则还要准备其他原料：在香粉中加入木粉可以调节香味的浓度，还有助于香的燃烧，一般选用杉木粉或松木粉，用专用的设备将其磨碎，再用筛网筛掉颗粒粗的杂质，最后形成木粉；粉末状的香药和木粉都比较散，不容易结成一体，所以还需要添加一些起黏合作用的原料，一般用榆皮粉作为黏结料，简称为榆粉；除了上述三种基本原料外，有些香药配方还添加了其他辅助材料。因为制作传统香还要调整它的香型、浓淡、功效，所以一般要采用花粉、花瓣或者杉木粉、松木粉作为填充料。单纯使用香药的成本太高，味道太大，适当地添加填充料一方面可降低成本，另一方面可调节味道。由于使用了天然香料和中药材，因此传统香会呈现出所用香药本身的颜色，并不鲜亮，如果想让它的色泽更加明艳，可以添加一点有颜色的香药或中药材或天然矿物质，如颜色鲜艳的花瓣，也需磨成粉状。

（二）和料

和料所用的工具是搅拌机，具体做法：将研磨好的香药、木粉、榆皮粉等放入搅拌机，加入适量的水。水与料的比例要根据原料的特点来定，通常为 1：1。水的温度以 45℃为宜。加水时应计算好水的用量，尽量一次加足，如果搅拌中间再补充水，就会影响香的韧性和光泽度。水与料配好以后就可以开始搅拌，搅拌时间一般为 20 分钟；如果搅拌不足，香料不均匀，不仅会影响香气的质量，料中的空隙还会导致香成型后断开；如果搅拌过度，则原料太散，也会影响香的品质。

## 二、天然香料的配置

所谓天然香料，是指原始的、未加工过的动物和植物的发香部位，或通过物理方法进行提取、精炼加工但未改变其原本成分的香料。天然香料包括动物性和植物性两大类。动物性天然香料最常用，商品化品种有麝香、灵猫香、海狸香和龙涎香四种。植物性天然香料是以植物的花、果、叶、皮、根、茎、种子等为原料提取出来的多种化学成分的混合物。香料配制有以下四个步骤。

### （一）成型

成型需要两种设备，一种是压块机，另一种是挤压机。把搅拌好的原料放入压块机内压成料块，大小要与挤压机的料槽一致，压块要均匀、密实，料块中不能有气泡。料块压好以后就要出条，出条之前要选择好模具。模具一般由钢板制成，钢板上带有许多不同口径的小孔，小孔的规格很多，细的不足 1 毫米，粗的达几十毫米。要根据所要制作香的粗细安装相应规格的模具，把料块放入挤压机的料槽中，原料由模具的孔中被挤出，就变成了细长的香条。用平整的香笤接出香条，这一步即接香。香笤上接出的香条一般不规则，长短不齐，也会有断条，要进行整理修条，这样线香就成型了。制香机械设备不断更新，越来越便捷，线香自动流水线替代了较为复杂的工艺。通过速度可调的传动流水装置一次可制作 120 ～ 240 条线香。若要制作盘香，则通过专门的盘香设备把两根香条盘在一起，并整齐平稳地摆放在香笤上。

### （二）晾晒

盘香不用晾晒，阴干即可，晾晒这道工序主要用于线香。线香必须慢慢自然晾干，如果阳光柔和，晾晒的地点可以选择在室外，把香箩平稳地放在木架上，并进行整理；晾干之后还要进行一次筛选，把存在瑕疵的香挑拣出来，之后就可以进入下一道工序。

## （三）包装

包装可以防止香受潮，便于储存和运输，也有防止香气挥发的作用。传统香使用天然香药，在常温下挥发很慢，包装盒的主要作用是防止传统香受潮，所以如果用纸盒包装，应该选用防潮性能较好的附膜纸。

## （四）窖藏

并不是所有的香在包装后都可以立即使用，有些香还要在地窖中封存一段时间才算完成全部工序。窖藏的过程也是原料之间相互作用、相互咬合的一个过程。窖藏以后，它们浑然一体，烧出来的香气品质上佳。窖藏的时间需根据不同的香药、不同的香方来确定，短则 3 天，长则两个月。

# 第二节　传统香品的使用

中国的传统香品种丰富多彩，除了熏香，还有用香药制作的香枕、香包、尾香等各种香用品。尾香是一种用于佩戴或者悬挂的香包，将香料炮制研磨成粉末，再选择图案质地比较合适的丝绸、锦缎等包装材料，制成美观的形状，放入香药缝合、封口即可。中国的传统香外观朴实无华，却可陶冶情操、修身养性、静心安神。袅袅的青烟翠雾给神圣的庙宇增添了几分灵性，为儒雅的书房带去了几分诗情，为奔忙的生活、紧张的心绪带来一份超然和从容，或许这就是汇聚天地灵秀的香带给人们的享受。

## 一、生活用香

### （一）茶道用香

焚香可以静心，为了营造茶饮的良好氛围，可以在茶道中焚香、熏香、鉴香。

在茶道中所使用的材料有香材、香品、合香。中国传统香文化在现代生活中的应用是根据场合、季节以及茶的种类，选择具有特定香气和风味的香药。合香，由各种香料按比例调配混合而成，可烧或熏。香品按照形状可分为涂香、散香、末香、香饼、香丸、线香等；按照焚烧形式可分为烧香与鉴香两类。品香的关键在于焚烧和熏印，通常以线香为主，而鉴香在于鉴赏香气与形状，通常以香饼、香丸等为主。在茶道中，用香应依据季节，若在春季，香品以水仙、木兰花、杏花和兰花的香气为佳；在秋季，香品以菊花、芙蓉和桂花的香气为佳。在茶道中，香品的使用应以茶为基础。如乌龙茶类，香品选用应以清幽的兰花、桂花等的香气为佳，而单一香品可选用沉香、檀香；普洱茶类，应选用沉香以助其香。在茶道中，应依据场合用香，茶艺表演应以立香为主，而待客则以鉴香为主。

### （二）熏衣用香

所谓熏焚香，就是用燃烧香料或佩戴香囊的方法将衣服熏染得馥郁芬芳。关于熏焚香的最早记载见于《晋书·王敦传》："石崇以奢豪矜物，厕上常有十余婢侍列，皆有容色，置甲煎粉、沉香汁，有如厕者，皆易新衣而出。客多羞脱衣，而敦脱故著新，意色无忤。"盛唐时公认的熏焚香上品为伽楠，次为沉香，再为檀香。

熏焚香种类多样，形式也多样。例如隔火熏香法，即在香炉之上覆盖一层熏笼，把衣服、被褥等置于其上，使香气浸染通透，置上三五天后，衣服、被褥附着于身即可通体生香，长久不散。又如佩戴香囊，香囊又称香袋、花囊、荷包、香包，多由纺织品制成，亦有金属、竹木、石质等材料制成的香囊。囊袋内通常放置干花、香草、香粉或香末，香气浓郁，沁人心脾，可以起到安神醒脑、驱虫御病的作用。古人无论男女老幼常佩戴之。还有沐浴香汤，屈原的《九章·悲回风》中有"悲回风之摇蕙兮，心冤结而内伤"，其中的"蕙"是一种香草名，又称零陵香、薰草、罗勒，是《楚辞》中的主要植物。此香草佩戴在身上能去除恶臭，散发芳香，古代的"祓除"祭礼常用此植物熏香，因此又有"薰草"一称。蕙还可与其他香草混合做成固体的香丸，即汤丸，用于煮水洗澡，净身香体。《本草衍义》记载，古时妇女常用九层塔（即薰草）浸油润发，称其"香无以加"。

早在西汉就有以焚香来熏衣的风俗，衣冠芳馥更是东晋南朝士大夫所推崇的。在唐代，由于大量外来香输入，因此熏衣风气更是盛行。《宋史》记载，宋代有一个叫梅询的人，在晨起时必定焚香两炉来熏香衣物，穿上之后再刻意摆弄袖子，使满室浓香，当时称之为"梅香"。北宋徽宗时蔡京招待访客也曾焚香数十两，香云从别室飘出，来访宾客的衣冠都沾上馥郁的香气，数日不散。

### （三）宴会用香

在古代的宴会及庆典上，香也是不可或缺的要素。在古埃及，人们参加宴会时会在头顶上戴一个蜡制的香膏圆锥体，让它慢慢融化，滴在脸和肩膀上。而古罗马人则常在公开的典礼和宴会上遍洒芬芳的玫瑰，并设了"玫瑰日"这样的节日。在酒宴中，会从天花板上洒下充盈着香水和花瓣的香雨。在我国南宋官府宴会上，香更是必不可少，如春宴、乡会、同年宴，细节烦琐，因此官府特别差拨"四司六局"的人员专司香的使用。《梦粱录》记载，"六局"之中就有所谓的"香药局"，掌管"龙涎、沉脑、清和、清福异香、香垒、香炉、香球"及"装香簇细灰"等事务，专司香的使用。

## 二、香在医药卫生方面的应用

中国的本草香药文化源远流长。本草香药广泛应用于祭祀、居家等各方面。中国的香道文化长期体现为虔道礼佛、祭天敬祖层面的情志效用，而对香药内在的祛病除邪、驱蚊防虫、净化空气等卫生防疫功用则重视不够。香药本草广泛见载于《神农本草经》《本草纲目》等各主要本草典籍，香药方（悬佩方、熏烤方、燃烧方等）散见于医方医案、瘟疫、辟瘟、禁药等条目或专论中。系统整理、发掘和研究香药本草，弘扬本草香药的卫生防疫功效对提升人居环境和人民健康水平具有重要的意义。

## （一）本草香药的发展溯源

没有文献证明本草香药起源于何时、以何种方式首次呈现。本草香药的发展源流可能同步于人类社会的医药实践和医药知识的积累。

在人类社会早期，劳动、生活环境简陋而艰苦，蚊虫蝇蚤、动植物腐殖气味等侵扰不断。早期人类在劳动和生活实践中发现有些气味剧烈的植物，如艾草、苍术、皂荚、菖蒲，有驱除蚊虫蝇蚤、遮盖动植物腐殖气味的功用，因而形成了绿植熏香习俗；之后发现焚燃这些植物后，其驱除蚊虫蝇蚤、遮盖动植物腐殖气味的功用更为显著，故而绿植熏香发展为绿植熏烟，这一时期形成了对香药植物的原始认识；随着人类社会医药实践和医药知识的不断累积，本草药物的种类和知识日趋丰富，特别是域外香药的大量传入，使香药本草的种类大为扩充，本草香药的应用得到了更大范围的实践。本草熏香、本草熏烟在医疗活动中用于辟秽避疫，在居家生活中用于驱蚊逐蝇、熏衣缭室等。本草香药实践的积极效果促进了本草香道文化的形成与发展。

## （二）本草香药主要品种

本草香药依其使用方式不同分为悬佩法、熏烤法、燃烧法等。悬佩法是把香药或者研磨后的香药悬挂于居室各处，或者装袋佩戴于身的方法；熏烤法是把香药隔火加热，或者烘烤促进香气散发而有效避免烟雾的方法；燃烧法是把香药直接燃烧于特定处所的方法。常用的香药本草品种见载于本草著作和医方医案典籍。

《本草纲目》记载：苍术，祛除寒湿；木香、辟虺雷、徐长卿、天麻、藁本、女青、山奈、菝葜，辟毒疫；白茅香、茅香、兰草，并煎汤浴，辟瘟气；沉香、蜜香、檀香、降真香、苏合香、安息香、詹糖香、樟脑、返魂香、兜木香、皂荚、古厕木，并烧之，辟疫。

《备急千金要方》记载：太乙流金散方，辟瘟气，由雄黄、雌黄、矾石、鬼箭羽组成；雄黄散方，辟瘟气，由雄黄、朱砂、菖蒲、鬼臼组成；烧药方，辟瘟气，由雄黄、丹砂、雌黄、芜荑、鬼臼、鬼箭羽、野丈人（即白头翁）、石长生、狸猪屎、马悬蹄、青羊脂、菖蒲、白术、蜜蜡组成；熏百鬼恶气方，辟瘟气，由雄黄、雌黄、龙骨、龟甲、鲮鲤甲、猬皮、樗鸡、空青、川芎、珍珠、东门上鸡头组成；雄黄丸方，由雄黄、雌黄、曾青、鬼臼、珍珠、丹砂、桔梗、白术、女青、川芎、白芷、天麻、芜荑、鬼箭羽、藜芦、菖蒲、皂荚组成。

《备急千金要方》和《本草纲目》为药方和本草的传世著作，分别介绍了防治瘟疫的本草药物和组方。《本草纲目》记载的药物使用方法主要为燃烧、烟熏或者汤浴（淋浴）诸法，作用于人居环境，特别是空气中的致病微生物，以及人体体表等外在的易与致病微生物接触的部位。而《备急千金要方》记载的各种防治瘟疫方的使用方法除了燃烧、烟熏外，还有丸药（悬佩、携带，或者置放于特定空间，或者内服以增强机体抵御瘟疫的能力）等，可改善人居环境或者提高人体抵抗致病微生物的能力。

《洗冤集录》记载，辟秽丹由麝香、细辛、甘泉、川芎组成。《串雅全书·禁药门》记载，樟脑、茅术、石菖蒲，可除蚤虱蛇虫诸毒；芥菜子、辣蓼、樟脑，烧烟熏之即除；百部、水银、茶叶、黑枣，灭虱除蚤。《伤科方术秘笈·武当医药集锦》记载了武当道医避瘟疫方：观音神香，由广木香、生苍术、香白芷、甘松、沉香、檀香、降真香、艾叶组成，芳香辟秽，杀虫防蚀；避瘟疫香袋，由生苍术、吴茱萸、雄黄、艾叶、冰片组成，避瘟防病。

《洗冤集录》《串雅全书·禁药门》《伤科方术秘笈·武当医药集锦》为医学或者医学相关著述，所收载的防疫方都是在生活或生产环境中专门用于卫生防疫。例如，《洗冤集录》中的"辟秽丹"专门针对刑事现场的尸检，防止尸体腐变产生的致病微生物对刑案人员产生伤害。《串雅全书》的"禁药门"则是专注防瘟避疫、灭虱除蚤、杀蛇虫诸毒等乡野田间各种环境卫生、民居生态的专论。《伤科方术秘笈·武当医药集锦》收载的"观音神香"有芳香药物提神醒脑、清窍敬祈的神志调适作用，对道观周遭环境可能滋生的各种致病微生物和有害生物有消杀作用；"避瘟疫香袋"则是对道士生活的一种反映，道士们常行走天下，可能会经过瘟疫地区，携带避瘟疫香袋可保护自身或者散发给疫区灾民以避瘟防病，是卫生防疫性保护产品。

## （三）本草香药的卫生防疫功用

分析上述各本草著作和医方医籍收载的本草药物和组方，主要的香药本草品种有苍术、木香、女青、菝葜、艾纳香、樟脑、雄黄、菖蒲、山柰、藁本、鬼臼、艾叶、鬼箭羽、麝香、徐长卿、川芎、皂荚、降真香等，下面分别简述其卫生防疫功用。

苍术：除恶气，辟山岚瘴气温疾。

木香：除邪气，辟毒疫瘟气；消毒，辟温疟蛊毒。

女青：辟蛊毒，逐邪恶气。

菝葜：治时疾瘟瘴。

艾纳香：除恶气，杀虫；烧之辟瘟疫；治癣辟蛇。

樟脑：治中恶邪气、疗癣风瘙，杀虫辟蠹。

雄黄：除邪气、虫毒；杀诸蛇虺毒，杀劳虫疳虫。

菖蒲：治小儿瘟疟，可作浴汤；杀诸虫，除恶疮疥瘙。

山柰：辟瘴疠恶气。

藁本：辟雾露润泽，疗风邪、泄泻、金疮；治多种恶风。

鬼臼：杀蛊毒，辟恶气，逐邪，解百毒。

艾叶：治瘴气疫疠温毒；治虫。

鬼箭羽：除邪，杀鬼疰蛊毒；去百邪。

麝香：辟恶气，去三虫蛊毒；除瘴毒，辟蛊气；除百病，治一切恶气及惊怖恍惚。

徐长卿：除蛊毒，治疫疾恶气。

川芎：辟邪恶，除蛊毒鬼疰，去三虫。

皂荚：利九窍，合苍术烧烟，辟瘟疫邪湿气。

降真香：烧之，辟天行时气；小儿带之，辟邪恶气。

上述各主要本草香药的卫生防疫功用从现代医学或者卫生学的视角可以概括为三个方面：

（1）针对环境致病微生物（如细菌、病毒之类的）所导致的传染病、流行性疫病等，通过对环境消毒杀菌或者对人体清热解毒而发挥功效，本草语言表述为"恶气、瘴气、邪气、不祥、温疾、毒疫、瘟瘴、瘴疠、鬼疰、百邪"等。

（2）针对有害生物（如虫、虱、蚤、蛇等）所致的危害，功效在于杀灭这些有害生物或者限制其活动范围、活动方式，本草语言表述为"蛊毒、杀虫、辟蛇、辟蠹、百虫毒、虺毒、劳虫、疳虫、百精"等。

（3）针对自然环境或者致病微生物、有毒生物所致的人体皮肤、体表、身体外部疾患，作用方式为消杀导致皮肤、体表伤害的致病微生物，或者促进皮肤、体表损伤的愈合和恢复，本草语言表述为"治癣、疥癣风瘙、恶疮疥瘙、金疮"等。

### （四）本草香药卫生防疫功效的现代研究

现代对本草香药卫生防疫功效的研究缺乏系统性，研究数据也不丰富，但在临床和科研方面还是进行了一些有意义的探索和评价验证工作。

上海市的医药工作者使用本草香药苍术和艾叶创制了"苍术艾叶香"，在室内点燃此香可对空气进行消毒，防治呼吸道感染性疾病，收到了良好的效果。实验证明,点香后的一定时间内空气中的细菌、病毒数量显著减少。

李小敏等研究发现采用艾条熏蒸病房,室内空气消毒合格率达到100%,艾叶对十多种常见细菌具有杀菌或抑菌作用,如葡萄球菌、白喉杆菌、绿脓杆菌、结核分枝杆菌、大肠杆菌,对多种皮肤真菌也有不同程度的抑菌作用,如石膏样毛癣菌、黄癣菌。邹秀容等采用艾叶烟熏进行病室消毒,结果显示烟熏后细菌总数下降率为73.04%,对大肠杆菌、甲型链球菌、表皮葡萄球菌、绿脓杆菌、肺炎双球菌均有非常显著的抑制作用。陈勤等对艾条熏蒸与紫外线空气消毒进行了对照观察,结果显示艾条熏蒸与紫外线照射后的平均菌落数差异无统计学意义。对于有障碍物而紫外线无法穿透的角落,艾条熏蒸后的菌落数少于紫外线消毒后的菌落数。

由于近年来流感频繁暴发,佩药疗法对预防流感的作用也越来越受到重视。一些医务工作者在继承的基础上,对佩药疗法的临床疗效、作用机制做了深入研究。佩药疗法防治传染病的主要机制是杀灭细菌或病毒,激发人体的潜能,促进人体的新陈代谢,提高人体的免疫力。大多数芳香类药物香味散发到空气中可起到杀菌、抗病毒作用;藿香、艾叶、佩兰等芳香类药物,其挥发油成分在空气中有较强的消毒作用;佩戴香囊可使药物浓郁的香气通过鼻黏膜吸收或通过肌肤渗入人体,进入血液而发挥药效。

现代药理实验研究表明,香药的主要成分挥发油,经口、鼻吸闻,可对大脑的嗅神经产生良好的香味刺激及对局部俞穴产生缓慢刺激作用,可促进机体免疫球蛋白生成,增强人体的防御能力,以达到防病强身的目的。沈微等采用藿香、苍术、艾叶、肉桂等芳香类药物做成香囊让老年人佩戴在身上以观察佩药疗法预防老年人上呼吸道感染的效果,结果显示,佩药疗法对预防老年人上呼吸道感染具有一定的作用。

中国传统医药史上的卫生防疫方多选择上述香药组方，以悬佩法、熏烤法、燃烧法等驱蚊杀虫，防治瘟疫，提高人们的健康水平。现代社会，随着城镇化和工业化进程加快，人们逐渐远离人口分散、植物茂盛的自然环境，生活在人口密度较高、空气质量较差的城镇环境中。通过对香药本草的创新应用，可以为现代人居环境创制天然的绿植熏香环境，清洁空气。使用园艺学技术方法挑选合适的绿植熏香植物，如艾草、苍术、木香、山柰，或者其他有卫生防疫功效成分的植物，将其栽培成盆景植株，可放置在阳台、客厅或者卧室，或者放置在适合的公共空地，以净化人们的生活和工作环境，提高卫生防疫水平。应加强对香药本草的卫生防疫功效和组方规律的研究，创制各种具有驱蚊驱虫、消毒杀菌、净化空气功效的本草香药组方，供人们在家庭、单位定期或者不定期（特定时期，如季节转换、传染病高发时期）进行悬挂、熏烤或者燃烧，也可以用于佩戴、汤浴，以达到防疫治疫的目的。

中国传统文化与中医药密切相关。香火文化中的多种香料具有治病防病的功能，在中医学中被称为芳香药物。《黄帝内经》介绍了香熏疗法，即"芳香疗法"和"艾灸疗法"。《神农本草经》记载了当归等各种芳香药物具有治疗血瘀、阴虚肿痛、寒热等疾病的疗效。《备急千金要方》介绍了"五香丸"等多种香型药物组合，具有"消积散痞、宽胸止痛"的功效。《温病条辨》总结了"温病三宝"，即安宫牛黄丸、紫雪丹、至宝丹的特点和功效。芳香疗法通过燃烧或挥发芳香药物，刺激人体的呼吸系统和皮肤，属于自然疗法。芳香疗法主要有香脂、气味、沐浴等疗法。例如，将由特定芳香药物制成的粉末放置在特殊的布袋中，然后穿戴在身体的特定位置并通过药物渗透来达到特定的治疗目的；又如嗅觉芳香疗法，将特定的芳香药物，或者药物露水，用液体煎液取汁，用一个特定的容器密封，然后将其应用到人体表面或者用口鼻呼吸，以达到治疗疾病的目的；再如沐浴芳香疗法，将某些芳香药物加入水中通过沐浴或熏蒸来达到治疗疾病的目的。

香作为药用的起源极早。北宋沈括的《梦溪笔谈》记载了苏合香丸可用来治病："此药本出禁中，祥符中尝赐近臣。"北宋真宗曾把由苏合香丸炮制而成的苏合香酒赐给王文正太尉，因为此酒"极能调五脏，却腹中诸疾。每冒寒夙兴，则饮一杯"。宋真宗将苏合香丸数筐赐给近臣，使得苏合香丸在当时非常盛行。此外，在中国的金创药（俗称"刀尖药"）及去瘀化脓等方剂中，乳香、麝香、没药等都是非常重要的成分。而现今极为流行的芳香疗法起源于古埃及。古埃及人极为注重卫生，他们发明了能够促进健康、美容的沐浴法，即在沐浴之后以香油按摩来减轻肌肉酸痛，松弛神经。

现代的许多科学研究指出，香味有助于人体健康。耶鲁大学精神物理学中心的学者指出，香熏的气味可以使焦虑的人血压降低，可安抚惊慌；熏衣草则可以促进新陈代谢，使人提高警觉。辛辛那提大学的相关测验则显示，在空气中加入香气可以提高工作效率。这些都使精油等芳香疗法极为流行。在宋代，香药可做成香药果子、香药糖水，而龙脑、麝香常用于制作名贵的墨锭。《武林旧事》中就有记载宋人饮用沉香水的时录。

香火文化在现代环境医学中也有很大的应用价值。中国南方气候潮湿，蚊虫肆虐，疫情发生频繁，对人们的健康造成很大的威胁。应用芳香药物可以除湿、防霉、杀虫、消除污物，有效抑制各种流行病的发生。例如，可食用的辣椒、生姜、肉桂和发酵大豆都属于香料药物，具有御寒、保暖、除湿的作用。另外，这些香料在服装外部的使用可以防止衣物发霉，并且在隔离蚊虫方面能起到很好的作用。汉代焚香传统盛行，从马王堆汉墓的彩绘熏蒸炉、香囊和竹薰面具可以看出，香火文化的形式多种多样。另外，人们还用香茅油、木兰花和川芎制成香药，不仅可以起到湿润、驱蚊的效果，还可以遮盖夏天的汗臭味，而且对人体无害。在汉代，香火是祈求神灵护佑的精神工具，香火文化迎来了一个快速发展的时期；直到宋代，香火才成了一种比较流行的民俗风情。在现代生活中，人们仍然在节日中使用香火。

# 第三章　香文化的历史传承

　　香在中国具有悠久的历史，在中国数千年的文化发展史中，已经形成了完备的文化，包括香料的制作、炮制，形形色色的用香方法，用香器具的制作和使用，香料在医学上的应用等。香已经成为融合了哲学、美学、医学在内的一种独特的文化、习惯和观念。

　　香文化，就是有关香的艺术。中国数千年用香的历史已经形成了一种独特的香文化。所谓文化，就是文治教化——以文教礼乐治民。西汉刘向在《说苑·指武》中说："圣人之治天下，先文德而后武力。凡武之兴，为不服也；文化不改，然后加诛。"也就是说，如果圣人用文治的方法无法取得效果，就需要用武力的方式迫使对方就范。文化是对内在精神的一种改造。用香已经成为一种精神文化。中国的香文化代表了一种任性逍遥、豁达脱俗的精神。香文化的实质，就是超越世俗的情趣，与大道同在同行，感受天地，摆脱一切精神的捆绑，进入自由自在、无拘无束、悠然逍遥的境界。

# 第一节　远古祭祀与春秋佩香

人类好香为天性使然，人们开始用香的确切时间已难以考证。相关资料显示，中国人大约在公元前 4500 年就已发现某些植物具有治疗疾病的功效，而有焚香的记录则始于周朝，《尚书》说："至治馨香，感于神明。"从这种说法来看，当时对香已经十分重视，因为神明在当时具有至高无上的意义。

## 一、远古祭祀

焚香最早是用于祭祀，完全由国家掌握，由专门的人员——祭司来执行。在这一时期，香事有以下特点：一是香品原始，为未加工的自然物，还不是后世正规意义上的香料；二是自然生火，不用器具，如后世的香炉；三是专用于祭祀，而祭祀由国家掌握，烧香还没有民间化。

香烟的缥缈和神明的气氛是完全吻合的。焚香成为一种联系人神的非常重要的精神工具，袅袅香烟似乎能够搭起人神之间沟通的桥梁。远古时期，中华民族的先人们在祭祀中燔木生烟，告祭天地，正是后世祭祀用香的先声。许多传统文化都可追溯至先秦，香的历史则更为久远，可以一直追溯到殷商，乃至遥远的先夏时期、新石器时代晚期。6000 多年前，人们已经用燃烧柴木与其他祭品的方法祭祀天地诸神。3000 多年前的殷商甲骨文已有了"柴"字，指手持燃木的祭礼，堪为祭祀用香的形象注释。而中国的香文化还有一条并行的线索——生活用香，其历史也可溯及上古乃至远古时期。早在四五千年前，黄河流域和长江流域就已出现了作为日常生活用品的陶熏炉。

## 二、春秋佩香

春秋战国时，祭祀用香主要体现为燃香蒿、燔烧柴木、烧燎祭品及供香酒、供谷物等祭法。在生活用香方面，品类丰富的芳香植物已用于香身、熏香、避秽、驱虫、医疗等许多领域，并有熏烧、佩戴、熏浴、饮服等多种用法。佩戴香囊、插戴香草、沐浴香汤等做法已非常普遍，熏香风气也在一定范围内流行开来，并出现了制作精良的熏炉。此外，以先秦儒家养性论为代表的香气养性的观念已初步形成，为后世香文化的发展奠定了重要的基础，也为西汉生活用香的跃进创造了十分有利的条件。

### （一）祭礼燃香

西周春秋的祭祀用香（沿袭前代）主要体现为燔烧柴木、燃香蒿、烧燎祭品及供香酒（鬯酒）谷物等祭法。燎柴升烟的祭礼常为"燔柴"祭，细分则有"禋祀""实柴""槱燎"等，盖为积柴燔烧，在柴上再置玉、帛、牲畜等物。燔烧的物品有别，但都要燔燎升烟。《仪礼》曰："祭天，燔柴。祭山丘陵，升。祭川，沉。祭地，瘗。"《周礼》曰："以禋祀祀昊天上帝，以实柴祀日、月、星、辰，以槱燎祀司中、司命、风师、雨师，以血祭祭社稷、五祀、五岳，以貍沉祭山林川泽，以疈辜祭四方百物。"沉，即将玉、牲体等沉没入水以祭水神。血祭，即以牲体之血滴于地。疈辜，即剖开、掏净牲体。郑玄注："禋之言烟，周人尚臭，烟气之臭闻者也……燔燎升烟，所以报阳也。"孔颖达疏："禋，芬芳之祭。"对禋祀、实柴、槱燎之差异说法不一，有人认为禋祀是用玉、帛、全牲，实柴用帛、经过肢解的牲体，槱燎只用肢解的牲体。

《诗·周颂·维清》赞颂了文王订立的禋祀祭天的典制："维清缉熙，文王之典。肇禋，迄用有成，维周之祯。"这是周公祭祀文王的乐歌，大意是：有了文王创制的典章，才有了政治的清明与光耀，从开创禋祀祭天的典制到今日的成就，乃周朝的祥瑞。燃"萧"也是一种重要的祭礼。"萧"指香蒿，即现在所说的黄花蒿（古称青蒿）、茵陈蒿等蒿属植物。常焚烧染有油脂的萧及黍稷等谷物，并用郁鬯之酒灌地，认为萧与黍稷之香属"阳"，郁鬯之香属"阴"。如《礼记·郊特牲》云："周人尚臭，灌用鬯臭，郁合鬯，臭阴达于渊泉。灌以圭璋，用玉气也。既灌，然后迎牲，致阴气也。萧合黍稷，臭阳达于墙屋，故既莫，然后焫萧合膻芗。凡祭，慎诸此。"灌鬯的容器以圭璋为柄，用玉温润之。《诗经·生民》也有焚烧香蒿的记载："取萧祭脂，取羝以軷。载燔载烈，以兴嗣岁。"

香蒿常被视为美好之物，如《诗经·蓼萧》以"萧"比君子："蓼彼萧斯，零露瀼瀼。既见君子，为龙为光。其德不爽，寿考不忘。""兰""柏（松）"等芳香植物也很受推崇，在生活和祭祀中多有使用。"兰"多指兰草，即现在菊科的佩兰、泽兰、华泽兰等，有时也指兰科的兰花。在荆楚一带，举行重要的祭祀前常要沐浴兰汤，并以兰草铺垫祭品，用蕙草包裹（一说熏烤）祭肉，进献桂酒和椒酒。如《楚辞·九歌》云："浴兰汤兮沐芳，华采衣兮若英……蕙肴蒸兮兰藉，奠桂酒兮椒浆。"

三月春禊有浴兰的风俗。春秋两季要在水边举行修洁净身、驱除不祥的祭礼，称"祓禊"。三月上巳（第一个巳日）为春禊，人们常集聚水滨，执兰草，沾水、酒洒身，以驱除冬天积存的污秽。这种仪式也有"招魂续魄"的含义，如《韩诗》云："郑国之俗，三月上巳之日，此两水（溱水、洧水）之上，招魂续魄，拂除不祥。"此"招魂续魄"盖为生者而行，古人认为魂魄不全则致疾病，故在春日召唤魂魄复苏或归于健全。也有一说是为逝者招魂，使亡灵不扰生者。

上巳春禊也是愉快的郊外踏春，青年男女交游的节日，如《诗经·溱洧》即写此风俗："溱与洧，方涣涣兮。士与女，方秉蕳兮……维士与女，伊其相谑，赠之以勺药。"春禊在汉代常称"上巳节"，魏晋后改为三月三日，祓禊招魂的含义渐弱，世俗娱乐色彩增加，演变为以水边的宴饮、交游、踏青为主，王羲之《兰亭集序》即写此风俗。唐宋时，上巳节与寒食节、清明节合并为清明节，其春游风俗即主要来自上巳节。

枝叶清香的松柏也被视为香洁之木。制作鬯酒时即以柏木为臼，梧桐为杵，盖取柏木之香、梧桐之洁白。《礼记·杂记》曰："鬯臼以椈，杵以梧。"椈，是柏的别称。疏："捣郁鬯用柏白桐杵，为柏香桐絜白，于神为宜。"

棺椁之木以松柏为贵。《礼记·丧大记》曰："君松椁，大夫柏椁，士杂木椁。"夏商神明的牌位也常用松柏制作，如《论语·八佾》曰："夏后氏以松，殷人以柏，周人以栗。"也用柏木祛病辟邪，见于《五十二病方》。后世用柏更多，植柏树，食柏子，燃柏枝，赠柏叶，门前挂柏枝，饮柏酒等。宋代大型祭祀也焚烧柏木，如《宋史·礼志》云："今天神之祀皆燔牲首，风师、雨师请用柏柴升烟，以为歆神之始。"柏是古代制香的重要原料，柏子、柏叶、柏木、树脂等皆可入香（亦入药），还有专门的柏子香，柏木粉也是现在传统香的常用原料。柏树包括侧柏、圆柏（含桧柏）、刺柏、扁柏、福建柏等多个属种。福建柏是中国的特有树种，侧柏也主产于中国。黄帝陵古柏群有五千多年历史，在号称"天下第一陵"的黄帝陵周边，有古柏 8.3 万余株，其中千年以上的古柏约有 3.5 万株，是中国现存覆盖面积最大、最古老、保存最完整的古柏群，其中的"黄帝手植柏"相传为黄帝亲手所栽，树龄达五千年以上。

### （二）生活用香

除了用于祭祀外，芳香植物还有香身、辟秽、祛虫、医疗、居室熏香等多种用途。先秦时，从士大夫到普通百姓（无论男女）都有随身佩戴香物的风气。香囊常称"容臭"，佩戴香囊也称"佩帏"。香草、香囊既有美饰、香身的作用，又可辟秽防病，在湿热、多瘟疫的南方地区用香风气尤盛。《礼记·内则》曰："男女未冠笄者，鸡初鸣，咸盥漱，拂髦总角，衿缨皆佩容臭。"少年人拜见长辈要先漱口、洗手，整理发髻，系好衣服的丝带，还要在衣穗上系挂香囊，以香气表恭敬，也可避免身上的气味冒犯长辈。《离骚》曰:"扈江离与辟芷兮,纫秋兰以为佩。"把江离和芷草披在肩上,把秋兰结成索佩挂在身旁。"苏粪壤以充帏兮,谓申椒其不芳"。他们香囊中装的是臭粪烂土,却大言不惭地说大椒毫不芬芳(近小人而远君子)。《山海经》曰:"(招摇之山)有木焉,其状如谷而黑理,其华四照,其名曰迷谷,佩之不迷。"佩戴迷谷能使人的精神免于惑乱。"(浮山)有草焉,名曰薰草,麻叶而方茎,赤华而黑实,臭如蘪芜,佩之可以已疠"。《楚辞·九歌》云:"桂栋兮兰橑,辛夷楣兮药房。"以桂木做栋梁,以木兰做屋橑,以辛夷和白芷装饰门楣。《大戴礼记·夏小正》云:"五月蓄兰,为沐浴。"用香汤沐浴。《论语·东门之粉》曰:"视尔如荍,贻我握椒。"以香物作赠礼。《楚辞·招魂》曰:"兰膏明烛,华容备些。"以芳香植物为物品添香,如将兰草加入灯油(古时以动物油脂作为灯油,常有膻气);使用鬯酒、椒酒、桂酒等香酒。《周礼·秋官》云:"(翦氏)掌除蠹物,以攻禜攻之。以莽草熏之,凡庶蛊之事。""(庶氏)掌除毒蛊,以攻说桧之,嘉草攻之。""(蝈氏)掌去蛙黾,焚牡菊,以灰洒之,则死。以其烟被之,则凡水虫无声。"熏焚草木祛辟各种"虫"物。还可用灸炳、燔烧、浸浴、熏蒸各种芳香药材的方法疗疾。《五十二病方》即载有"灸""烟熏""燔"等疗法;亦载有白蒿、青蒿、兰、艾、桂、椒、姜、芍药、茱萸、甘草、菌桂、白芷等多种芳香药材。《内经》将灸炳列为中医五大疗法(砭石、药、灸炳、微针、导引按跷)之一。《素问·汤液醪醴论》曰:"当今之世,必齐毒药攻其中,镵石、针艾治其外也。"《素问·奇病论》以兰草疗疾:"肥者,令人内热,甘者,令人中满,故其气上溢,转为消渴。治之以兰,除陈气也。"《孟子·离娄》云:"今之欲王者,犹七年之病求三年之艾也。"

# 第二节　汉代和香与盛唐用香

两汉时，熏香风气在以王公贵族为代表的上层社会流行，包括室内熏香、熏衣熏被、宴饮娱乐、祛秽致洁等。熏炉、熏笼等主要香具得到普遍使用，并出现了很多精美的高规格香具。产于边陲及域外的沉香、青木香、苏合香、鸡舌香等多种香药大量进入中土，常混合多种香药来调配香气。东汉时，已采用熏香、沐浴香汤的祭礼；西汉即有吟咏熏烧之香的诗文；东汉中后期，伴随五言诗的兴起，咏香作品数量增加且已见佳作。"熏炉""香炉""烧香"等词汇得到较多使用，"香"字的含义也扩展到"香药""用于熏烧的香品"。

## 一、汉代和香

### （一）王族熏香

在汉初，王族阶层中已开始流行熏香。著名的长沙马王堆汉墓中就发现了熏炉、竹熏笼（用于熏衣）、香枕、香囊等多种香具，内盛各种香药，如辛夷、高良姜、香茅、兰草、桂皮等。墓主人辛追是长沙国丞相的妻子，入葬时间约为前 168 年，距西汉立国约 40 年，比汉武帝即位约早 20 年。从汉初的情况来看（战国时已有精制的熏炉），战国与秦代用香应有了一定的基础，西汉用香的跃进也得益于前代的积累。

到汉武帝时，熏香在各地王族阶层中已广泛流行，既用于居室熏香、熏衣熏被，也用于宴饮、歌舞等娱乐场合。广州南越王墓曾出土多件炉，有的是乐师的随葬品，有的与钟、磬等乐器或壶、钫等酒器放在一处。迄今发掘的多个西汉中期（王）墓葬中都有熏炉、熏笼等香具（及香药），也有十分精美的鎏（嵌）金银熏炉，包括带龙形装饰的皇家器物。例如陕西茂陵陪葬冢出土的"鎏金银竹节熏炉"（博山炉），炉底座透雕两条蟠龙，龙口吐出竹节形炉柄，柄上端再铸三龙，龙头托顶炉腹（炉盘），腹壁又浮雕四条金龙，是典型的皇家器物。这座熏炉先为汉武帝宫中使用，后归卫青和汉武帝的姐姐阳信长公主，可能是两人成婚时汉武帝的赠物。再如河北满城汉墓出土的"错金博山炉"，炉盖山景优美，炉柄透雕三龙，从底座到炉盖山石，通体以"错金"（将黄金嵌入铜器表面）饰出回环舒卷的云气。雕镂精湛，华美端庄。这两件熏炉都是国宝级文物。

汉武帝之后，皇室及各地王族的用香风气长盛不衰，所用香具也极为精美。汉成帝时有"五层金博山香炉""九层博山香炉"（《西京杂记》）。东汉末期，汉献帝宫中有"纯金香炉一枚""贵人公主有纯银香炉四枚，皇太子有纯银香炉四枚，西园贵人有铜香炉三十枚"（《艺文类聚》引曹操《上杂物疏》）。

汉代也常以使节名义遣商队沿丝绸之路西行，换取沿途的皮毛制品、香药等奢侈品。如东汉权臣窦宪曾以物换取香料，"窦侍中令载杂彩七百匹、白素三百匹，欲以市月氏马、苏合香"（《班固与弟超书》）。汉代用香的风气之盛还有一个突出的标志，即用香（熏香、佩香、含香等）进入了宫廷礼制。据《汉官仪》记载，尚书郎向皇帝奏事之前，有"女侍执香炉烧熏"，奏事对答要"口含鸡舌香"，使口气芬芳。《通典·职官》记载："尚书郎口含鸡舌香，以其奏事答对，欲使气息芬芳也。"含香、含鸡舌香也成了著名的典故，人们常以"含香"指代在朝为官或为人效力，如白居易的"对秉鹅毛笔，俱含鸡舌香""口厌含香握厌兰，紫微青琐举头看"；王维的"何幸含香奉至尊，多惭未报主人恩"。魏晋后的礼制关于熏香的内容渐增，其由来可溯及汉代。

《汉官仪》还载有汉桓帝赐鸡舌香之事："侍中刁存，年老口臭"，桓帝便赐鸡舌香，令他含在口中。刁存没见过这种香，感觉"辛螫"（鸡舌香使口气芬芳，但口舌有刺感），便以为自己有过，桓帝赐了毒药，惶惶然回府与家人诀别，后来才发觉口香，"咸嗤笑之，更为吞食，其意遂解"。除了熏香、香囊、香枕、香口，汉宫的香药还有很多用途。汉初即有"椒房"，以花椒"和泥涂壁"，取椒之温暖、多子之义，用作皇后居室。这一传统长期延续下来，后世便常用"椒房"代指皇后或后妃居住的宫殿。王族的丧葬也常使用香药以消毒、防腐，古代的文献，如《从征记》载，刘表棺椁用"四方珍香数十斛"，"苏合消疫之香，莫不毕备"，挖开墓葬时，"表白如生，香闻数十里"。《水经注》亦记之："其尸俨然，颜色不异"，"墓中香气远闻三四里中，经月不歇"。

熏香在王族阶层的盛行对香的普及和发展大有助益，也开启了上层社会的用香风气，并一直延续到明清时期。目前的考古发掘显示，熏炉是汉代墓葬中的常见物品。据有关学者考察，岭南汉墓出现熏炉的比例远高于其他地区，说明当地的熏香风气更盛。岭南香药丰富，气候潮湿，又多蚊虫瘴疠之气，而熏香可以祛秽、烘干、消毒，应是当地盛行熏香的一个重要原因。

## （二）生活用香

从目前的了解来看，汉代用香的兴盛（熏炉的普及、香药品种的增多）属于世俗生活用香的范畴，是先秦熏香、佩香风气的延伸，少有祭祀和宗教色彩。熏香的主要用途不是祭祀，而是日常生活，如熏衣熏被、居室熏香、宴饮熏香等，被视为一种生活享受，或是祛秽、养生、养性的方法。祭祀主要沿用先秦的燔柴、燃萧、供香酒等祭法。《史记》《汉书》等关于祭祀活动的记载也没有涉及熏炉或沉香、苏合香等香药。现在出土的香具中有许多是用于熏衣熏被（包括熏笼、熏炉）；也有许多熏炉是位于墓葬的生活区（包括更衣场所），作为起居生活用品出现；有的熏炉还与酒器、乐器放在一处。

关于用香的文献记载也大都属于生活用香，如《西京杂记》记载汉成帝宠妃赵合德居室"杂熏诸香"，"坐处余香三日不散"。《汉官仪》记载尚书郎熏香、含香、佩香，有女侍"执香炉烧熏"，"握兰含香"。《班固与弟超书》记载窦宪以高价从西域购买"奢侈品"苏合香。博山炉虽然模拟仙山景象，但只是装饰性的造型，并未发现博山炉与神仙方术有直接的关系，却知西汉的博山炉多用于日常生活，如鎏金银竹节熏炉即汉武帝的日常起居用品。

"祛秽"是汉代熏香的一大功用，显然也属于生活用香。到东汉时，熏香祛秽的观念已十分流行，如诗人秦嘉曾向妻子寄赠香药，并在信中言："今奉麝香一斤，可以辟恶气"；"好香四种各一斤，可以去秽"。俄藏敦煌文献所见《秦嘉重报妻书》有"芳香可以去秽"。曹操也曾令家人"烧枫胶及蕙草"为居室祛秽。据初步考察，魏晋后祭祀所用的香炉（及各种香药）似借用了汉代生活用香发展出来的香炉（及香药）。西汉流行的熏炉可溯至战国熏炉，其前身并非商周祭祀用的鼎彝礼器，而是四五千年前作为生活用品出现的陶熏炉，是沿生活用香的线索发展而来的，即"新石器时代末期的陶熏炉（生活用香）—先秦、西汉熏炉（生活用香）—魏晋后的熏炉（生活用香兼祭祀用香）"。

道教对熏炉与香药的使用或许可以视为汉代熏香的一种应用或是熏香盛行的一种表现，而不是西汉熏香得以发展的原因。在公元前120年前后，熏香在西汉王族中已流行开来，广州南越王墓出土多件香具。至少100多年之后，汉晋道教和佛教才逐渐兴起并倡导用香，属于生活用香的熏炉（包括博山炉）和香药才逐步扩展到祭祀领域。东汉早期，道教有焚香、浴香等祭礼，也未见使用熏炉的记载。魏晋后的祭祀，除燔柴、燃萧外，也开始使用熏炉和沉香等香药，至梁武帝天监四年（505年），郊祭大典才首用焚香之礼，用沉香祭天，用上和香祭地。《隋书·礼仪志》记载，天宝八年（749年），唐玄宗诏书"三焚香以代三献"，皇室祭祖才开始多用焚香。

第三章　香文化的历史传承

### （三）熏香理念

熏香在西汉发展之快及传播范围之大，与香气养性的观念有很大关系。《荀子·正论》所言"居如大神、动如天帝"的天子也以香草养生，"侧载睪芷，所以养鼻也"，盖可作为西汉王族熏香的一大注释。汉初已很讲究养生、养性，"治身养性，节寝处，适饮食"。汉代儒学、中医、道家学说俱盛，无论是内圣外王的儒家、羽化登仙的道家还是应天延命的医家，都倡导"养性"，遵净心、养德、养性为养生之本。熏香既芬芳"养鼻"，又可清心宁神、安和身心，且香气轻扬，上助心性修为，下增世俗享受，加之以前就有以香气养神的传统，因此熏香得到推崇和流行也在情理之中。

周秦之际的《吕氏春秋·去私》曰："声禁重、色禁重、衣禁重、香禁重、味禁重、室禁重"，"物也者，所以养性也，非所以性养也。今世之人，惑者多以性养物，则不知轻重也"。这种禁重主张也反映出当时已很重视香气与身心的关系，主张恰当使用，而不为芬香所制。汉初《春秋繁露·执贽》用郁金草酿制的香酒（鬯酒）来比喻圣德：鬯"取百香之心"，"择于身者，尽为德音，发于事者，尽为润泽，积美阳芬香以通之天"，"淳粹无择，与圣人一也"。

《史记·礼书》采荀子之言："稻粱五味，所以养口也；椒兰芬茝，所以养鼻也……疏房床笫几席，所以养体也。故礼者，养也。"现存最早的本草专著《神农本草经》将所收365种药材分列三品："上药"，"养命以应天"，"轻身益气，不老延年"，可"多服久服"；"中药"须斟酌服用；"下药"，"治病"，不可久服。传统香的很多常用香药都在上品之列，有麝香、木香（青木香）、柏实、榆皮、白蒿、甘草、兰草、菊花、松脂、丹砂、辛夷、雄黄、硝石等，如"榆皮，除邪气，久服轻身不饥"。传统香始终喜用榆皮粉作为黏合剂，虽然香品配方有很多种，但常常会使用榆皮粉，偶尔会使用白及等作为黏合剂，现在的线香、盘香等仍然如此。

## 二、盛唐用香

隋的统一结束了长期的割据局面，入唐之后，国泰民安，社会日益富庶，国家空前强盛。在这种良好的环境中，唐代的香文化在各个方面都获得了长足的发展。这一时期的香已进入了精细化、系统化的阶段，香品的种类更为丰富，制作与使用也更为考究。用香成为唐代礼制的一项重要内容，政务场所也要设炉熏香。文人阶层普遍用香，出现了数量众多的咏香诗文。香具造型趋于轻型化，更适于日常使用，也出现了很多制作精良的高档香具。美妙的香气、精美绝伦的香炉、无处不在的香烟和动人心魄的诗句，也从一个独特的角度渲染了大唐盛世的万千气象。

隋唐时期强盛的国力和发达的陆海交通使国内香药的流通和域外香药的输入都更为便利。香药已成为唐代许多州郡的重要特产，如忻州定襄都产"麝香"，台州临海郡及潮州潮阳郡产"甲香"，永州零陵郡产"零香"，广州南海郡产"沉香、甲香、詹香"（《新唐书·地理志》）。陆上丝绸之路与海上丝绸之路是域外香药入唐的主要通道。虽然安史之乱阻断了陆上丝路，但南方的海上丝路在唐代中期发展迅速并空前繁荣，大量香药得以经海路入唐。例如《唐大和上东征传》记载：天宝年间，广州"江中有婆罗门、波斯、昆仑等舶，不知其数。并载香药珍宝，积载如山，舶深六七丈"。唐代与大食、波斯的往来更为密切，"住唐"的阿拉伯商人对香药输入也有很大贡献。汉晋时已有许多西域商人来华，唐时数量更多，许多大食、波斯商人长期留居中国，遍及长安、洛阳、开封、广州、泉州、扬州、杭州各地，香药是他们最重要的贸易内容，包括檀香、龙脑香、乳香、没药、胡椒、丁香、沉香、木香、安息香、苏合香等。撰写《海药本草》（记载了很多域外香药）的李珣就是久居四川的波斯人后裔，其祖父及兄弟也是经营香药的商人。

香药也是许多国家献给唐朝的重要贡品，如唐太宗贞观年间（627—649年），乌苌国（巴基斯坦境内）"使献龙脑香"（《通典·南蛮》）；贞观十五年（641 年），中天竺国（印度境内）"献火珠及郁金香、菩提树"，其国"有旃檀、郁金诸香。通于大秦，故其宝物或至扶南交趾贸易焉"（《旧唐书·西戎传》）；贞观二十一年（647 年），堕婆登国（印度尼西亚爪哇、苏门答腊一带）"献古贝、象牙、白檀，太宗玺书报之，并赐以杂物"，其国葬仪，"以金钏贯于四肢，然后加以婆律膏及龙脑等香，积柴以燔之"（《旧唐书·南蛮西南蛮传》）；宪宗元和十年（815 年），诃陵国（印度尼西亚爪哇）"献僧祇僮及五色鹦鹉、频伽鸟并异香名宝"（《旧唐书·宪宗本纪》）。

域外的高档香药，最迟进入中国的可能是龙涎香，似未见于魏晋文献。晚唐的《酉阳杂俎》则出现了对龙涎香的记载："拨拔力国，在西南海中，不食五谷，食肉而已……土地唯有象牙及阿末香。""阿末香"为阿拉伯语"龙涎香"的音译，"拨拔力国"指东非索马里的柏培拉。唐时的中国海船和商人常至东非及阿拉伯地区，此海域也是龙涎香的重要产地，有可能那时已传入中国。对龙涎香较为详细的记载则始于宋代。

## （一）礼制之香

在唐代的宫廷礼制中，用香已是一项重要内容。皇室的丧葬奠礼要焚香，如颜真卿《大唐元陵仪注》载："皇帝受醴齐，跪奠于馔前……内谒者帅中官设香案于座前，伞扇侍奉如仪"（《通典·丧制》）。自唐玄宗天宝八年（749 年）起，祭祖也要用香。玄宗诏书曰："禘祫之礼，以存序位，质文之变，盖取随时……以后每缘禘祫，其常享无废，享以素馔，三焚香以代三献"（《通典·神着》）。宪宗的奠礼也曾用香药代替鱼肉作为供品。

## （二）朝堂熏香

庄重的政务场所要焚香，如唐代朝堂要设熏炉、香案。"朝日，殿上设黼扆、蹑席、熏炉、香案。御史大夫领属官至殿西庑，从官朱衣传呼，促百官就班，文武列于两观……宰相、两省官对班于香案前，百官班于殿庭左右……每班，尚书省官为首"(《新唐书·仪卫志》)。贾至在诗《早朝大明宫》中写道："剑佩声随玉墀步，衣冠身惹御炉香。"杜甫和诗："朝罢香烟携满袖，诗成珠玉在挥毫。"王维和诗："日色才临仙掌动，香烟欲傍衮龙浮。"所描述的就是唐代的朝堂熏香，殿上香烟缭绕，百官朝拜，衣衫染香。唐宫中香药、焚香诸事由尚舍局、尚药局掌管。尚舍局"掌殿庭祭祀张设、汤沐、灯烛、汛扫"，"大朝会，设黼扆，施蹑席、熏炉"(《新唐书·百官志》)。安葬宪宗时，穆宗曾有诏书曰："鱼肉肥鲜，恐致熏秽，宜令尚药局以香药代食"(《旧唐书·穆宗本纪》)。

### （三）科举考场焚香

唐代的进士考场也要焚香。《梦溪笔谈》记载："礼部贡院试进士日，设香案于阶前，主司与举人对拜，此唐故事也。所坐设位供张甚盛，有司具茶汤饮浆。"这一传统也延续到宋代，欧阳修曾有诗《礼部贡院阅进士就试》："紫案焚香暖吹轻，广庭清晓席群英。无哗战士衔枚勇，下笔春蚕食叶声。"另有"香礼进士，彻幕待经生"。进士科考试重于才思，对举人考生礼遇有加，不仅焚香，还有茶饮；而明经科（学究科）考试重于熟记，故对考生（经生）约束甚严，考场撤帐幕、毡席、茶饮等杂物，防作弊。

# 第三节　两宋染香与明清品香

宋代奉行崇文抑武的方略，致使军事力量薄弱，但科技领先、文化繁荣、经济发达，是中国文化史上的又一辉煌时期，这一时期香文化也发展到了一个鼎盛阶段。而在明清时期，宋元代的香文化则得到了全面继承并稳步发展。

## 一、两宋染香

这一时期的香已遍及社会生活的方方面面。宫廷宴会、婚礼庆典、茶坊酒肆等各类场所都要用香；香药进口量巨大，政府以香药专卖、市舶司税收等方式将香药贸易纳入国家管理，收入甚丰；文人阶层盛行用香、制香，众多文人从各个方面研究香药及合香之法，庞大的文人群体对整个社会产生了广泛的影响，也成为香文化发展的主导力量。

### （一）宫廷祭祀焚香

与唐代相比，宋代的宫廷生活较为节俭，但用香场合甚多，包括熏香、熏衣、祭祀、入药等。香药用量也很大，既单用沉香、龙脑香、乳香、降真香等高档香药，也使用配方考究的合香（如徽宗宫中"宣和御制香"，用沉香、龙脑香、丁香等制成），焚香用的炭饼亦由多种原料精工制作而成。

焚香已普遍应用于宫廷的各种祭祀活动。如《邵氏闻见后录》记载："仁皇帝庆历年，京师夏旱。谏官王公素乞亲行祷雨，又曰：昨即殿庭雨立百拜，焚生龙脑香十七斤，至中夜，举体尽湿。"真宗尤崇道教，宫中道场繁多，用香甚多，如《天香传》记载："道场科醮无虚日，永昼达夕，宝香不绝，乘舆肃谒则五上为礼。馥烈之异，非世所闻，大约以沉水、乳香为本，龙香和剂之。"皇帝也常以香药赏赐诸臣后妃，真宗曾多次以香药赐丁谓，《天香传》记载："袭庆奉祀日，赐内供乳香一百二十斤。在宫观密赐新香，动以百数，由是私门之沉、乳足用。"《邵氏闻见后录》记载仁宗曾于嘉祐七年（1062年）十二月庚子"再幸天章阁，召两府以下观瑞物十三种……各以金盘贮香药，分赐之"。据《梦溪笔谈》记载，真宗曾以苏合香酒赐臣下以补养身体，苏合香丸也因此流行一时："王文正太尉气羸多病，真宗面赐药酒一注瓶，令空腹饮之，可能和气血，辟外邪。文正饮之，大觉安健，因对称谢。上曰：此苏合香酒也。"

### （二）市井生活用香

宋代的市井生活中随处可见香的身影，这是香文化进入鼎盛的一个重要标志。街市上有"香铺""香人"，有专门制作"印香"的商家，酒楼里甚至有随时向顾客供香的"香婆"。街上还有添加了香药的各式食品，如香药脆梅、香药糖水（"浴佛水"）、香糖果子、香药木瓜等。在描绘汴梁风貌的《清明上河图》中，有多处与香有关的景象，如有一门前立牌上写有"刘家上色沉檀拣香"，就是指"刘家上等沉香、檀香、乳香"，"拣香"指上品乳香。

《东京梦华录》记载：在北宋汴梁（开封），"士农工商，诸行百户"，行业着装各有规矩，香铺里的"香人"则是"顶帽披背"。"日供打香印者，则管定铺席，人家牌额，时节即印施佛像等"。还有人"供香饼子、炭团"。"次则王楼山洞梅花包子、李家香铺、曹婆婆肉饼、李四分茶……余皆羹店、分茶、酒店、香药铺、居民"。《武林旧事》记载：南宋末年杭州，"（酒楼）有老妪以小炉炷香为供者，谓之香婆。"街头有"香药脆梅、旋切鱼脍……杂和辣菜之类"。"四月八日佛生日，十大禅院各有浴沸斋会，煎香药糖水相遗，名曰'浴佛水'"。"端午节物：百索艾花……香糖果子、粽子、白团、紫苏、菖蒲、木瓜，并皆茸切，以香药相和，用梅红匣子盛裹。自五月一日及端午前一日，卖桃、柳、葵花、蒲叶、佛道艾，次日家家铺陈于门首，与粽子、五色水团、茶酒供养，又钉艾人于门上，士庶递相宴赏"。

辛弃疾《青玉案·元夕》描述了元宵夜香风四溢的杭州城："东风夜放花千树，更吹落，星如雨。宝马雕车香满路。凤箫声动，玉壶光转，一夜鱼龙舞。蛾儿雪柳黄金缕，笑语盈盈暗香去。众里寻他千百度，蓦然回首，那人却在，灯火阑珊处。"宋时富贵人家的车轿常要熏香，除了香包（帷香）、香粉，还有焚香的香球（即薰球，有提链，堪称"移动香炉"），香气馥郁，谓之"香车"。陆游《老学庵笔记》云："京师承平时，宋室戚里岁时入禁中，妇女上犊车，皆用二小鬟持香球在旁，二车中又自持两小香球，车驰过，香烟如云，数里不绝，尘土皆香。"

香身美容之物甚多，如香囊、香粉、香珠、香膏。元宵夜赏玩嬉笑的女子多半敷了香粉，佩了香囊，穿着熏过的香衣。宝马车香满路，笑语盈盈暗香去，正是宋代都城生动而真实的景象。宋代宫廷及地方上的各类宴会、庆典都要用香，还常悬挂香球，如《宋史·礼志》记载："凡国有大庆大宴"，"殿上陈锦绣帷帘，垂香球，设银香兽前槛内"。

南宋官贵之家常设"四司六局"（即帐设司、厨司、茶酒司、台盘司，果子局、蜜煎局、菜蔬局、油烛局、香药局、排办局），人员各有分工，"筵席排当，凡事整齐"。市民不论贫富，都可出钱雇请其帮忙打理筵席、庆典、丧葬等事宜。油烛局负责灯火事宜，包括"装香簇炭"，而香药局的主要职责即熏香，负责"香球，火箱，香饼，听候索唤，诸般奇香及醒酒汤药之类"（《都城纪胜》）。

宋代民俗兴盛，在许多民间传统节日里都会使用香，一年四季香火不断。五月初五端午节，要焚香、用艾、浴兰；六月初六天贶节，宫廷要焚香，设道场，百姓亦献香以求护佑；七月初七乞巧节，常在院中结设彩楼，称"乞巧楼"，设酒菜、针线、女子巧工等物，焚香列拜，乞求灵巧、美貌、幸福，皇宫中张设更盛；七月十五中元节（道家）、盂兰盆节（佛家）、鬼节（俗称），常摆放供物，烧香扫墓，烧化纸钱，"散河灯"，或请僧道至家中做法事，皇宫也出车马谒坟，各寺院宫观则普做法事，为孤魂设道场；八月十五中秋节，常在院中（或登楼）焚香拜月，女则愿"貌似嫦娥，圆如皓月"，男则愿"早步蟾宫，高攀仙桂"；除夕春节，祭祀祖先诸神，用香更多。

### （三）香墨与香茶

宋代的制墨工艺发展迅速，也常以麝香、丁香、龙脑香等入墨。创"油烟制墨"之法的张遇即曾以油烟加龙脑香、麝香制成御墨，名"龙香剂"。墨仙潘谷曾制"松丸""狻猊"等墨，"遇湿不败"，"香彻肌骨，磨研至尽而香不衰"，有"墨中神品"之誉。以文房用品精致闻名的金章宗还喜欢以苏合香油点烟制墨。

香药也多用于饮品和食品，如沉香酒、沉香水、香薷饮、紫苏饮、香糖果子，影响最大的当属使用香药的"香茶"。宋人日常用茶，并非直接冲泡茶叶，而是先将茶叶蒸、捣、烘烤后做成体积较大的茶饼，称为"团茶"。使用时将茶饼敲碎，碾成细末，用沸水点冲，称为"点茶"。加香的团茶不仅芳香，还有理气养生的功效，所用香药有龙脑香、麝香、沉香、檀香、木香等，也常加入莲心、松子、柑橙、杏仁、梅花、茉莉、木樨等。

著名的北苑贡茶"龙凤茶团"即一种香茶，常加入少量的麝香和龙脑香，形如圆饼，有模印的龙凤图案，分"龙团"和"凤团"。《鸡肋编》记载："入香龙茶，每斤不过用脑子一钱，而香气久不歇，以二物相宜，故能停蓄也。"北宋书法家蔡襄曾改进北苑团茶工艺，以鲜嫩的茶芽制成精美的"小龙团"。普通的龙凤茶团每个重达一斤以上，而精巧的"小龙团"则每个不到一两，且每年只产十斤，价比金银。欧阳修曾言："茶之品，莫贵于龙凤"，"（小龙团）其价值金二两，然金可有，而茶不可得"。著《天香传》的丁谓曾任职福建，对龙凤团茶的发展也颇有贡献，有"始于丁谓，成于蔡襄"之说。

## 二、明清品香

宋元代香文化的繁荣在明清时期得到了全面保持并稳步发展。社会的用香风气更加浓厚，香品成型技术也有较大发展，香具的品种更为丰富，线香、棒香（签香）、塔香及适用于线香的香具（香笼、香插、卧炉）、套装香具得到普遍使用；黄铜冶炼技术、铜器雕刻工艺及竹木牙角工艺发达，许多香具雕饰精美；型制较小的黄铜香炉、无炉盖或有简易炉盖的香炉较为流行。

### （一）熏香之盛

明代的北京不仅有知名的香，还有知名的"香家"，亦深得文人雅士的追捧，如"龙楼香""芙蓉香""万春香""甜香""黑龙挂香""黑香饼"均颇有名气。芙蓉香、黑香饼以刘鹤所制为佳，黑龙挂香、龙楼香、万春香以内府（宫廷）所制为好，甜香则须宣德年间所制，"清远味幽"，还有真伪之分，"坛黑如漆，白底上有烧造年月，每坛一斤，有锡盖者方真"（《考盘余事》）。这些香的香方不同，外形也各异，如龙楼香、芙蓉香可做成香饼，也可做成香粉。从岭南沉香（莞香）之畅销亦可见用香风气之盛。明清时，东莞寮步的"香市"与广州的花市、罗浮的药市、合浦（今属广西）的珠市并称"东粤四市"。"当莞香盛时，岁售逾数万金"，苏州、松江一带，逢中秋，"以黄熟彻旦焚烧，号为熏月。莞香之积阊门者，一夕而尽，故莞人多以香起家"（《广东新语》）。

明清宫廷有大量制作精良的香具，香炉、香盒、香瓶、香纹熏球盘、香几等一应俱全。乾隆十六年（1751年），孝圣宪皇后六十大寿的寿礼中即有琳琅满目的香和香具，名称也极尽雕琢，如瑶池佳气东莞香、香国祥芬藏香、延龄宝炷上沉香、朱霞寿篆香饼、篆霭金猊红玻璃香炉、瑶池紫蒂彩溱菱花几（香几）、万岁嵩呼沉香仙山（沉香雕品）等（《国朝宫史》）。宫廷所用的香，其原料、配方、制作、造型都很考究，如龙楼香使用了沉香、檀香、甘松、藿香等 20 余味药；万春香使用了沉香、甘松、甲香等 10 余味药；黑龙挂香则悬挂于空中，回环盘曲（似现在的塔香）。内府有大量优质香药可用，外国贡物也常有各色香药，并且还有制好的香，如康熙十四年（1675 年）的安南贡物中，除金器、象牙等，还有"沉香九百六十两""降真香三十株重二千四百斤""中黑线香八千株"（《广西通志》）。

宫中殿阁的对联也常提到香，如《国朝官史·宫殿·内廷》记载了乾隆时延春阁的对联："吟情远寄青瑶障，悟境微参宝篆香"。"春蔼帘栊氤氲观物妙；香浮几案潇洒畅天和"。明清文人用香风气尤盛，如《高子遗书·山居课程》记载了高启日常读书、静坐常焚香："盥漱毕，活火焚香，默坐玩易……午食后散步，舒啸觉有昏气，瞑目少憩，啜茗焚香，令意思爽畅，然后读书至日昃而止，跌坐，尽线香一炷。"《二续金陵琐事》记载了盛时泰"每日早起，坐苍润轩，或改两京赋，或完诗文之债，命童子焚香煮茗若待客者，客至洒笔以成，酣歌和墨，以藉谈笑。"从《红楼梦》对香的描写来看，曹雪芹也有日常用香的习惯，且对合香之法颇为了解。贾宝玉的《夏夜即事》或许反映了曹雪芹的生活："倦绣佳人幽梦长，金笼鹦鹉唤茶汤。窗明麝月开宫镜，室霭檀云品御香。"据《本草纲目拾遗》记载，康熙年间曾有香家为曹雪芹祖父曹寅制藏香饼，香方得自拉萨，使用了沉香、檀香等 20 余味药。

明代中后期文人还把香视为名士生活的一种重要标志，以焚香为风雅、时尚之事，对香药、香方、香具、熏香方法、品香等都颇为讲究。《溉堂文集·坿斋记》云："时之名士，所谓贫而必焚香，必啜茗。"《长物志跋》云："有明中叶，天下承平，士大夫以儒雅相尚，若评书、品画、瀹茗、焚香、弹琴、选石等事，无一不精。"《遵生八笺》曰："焚香鼓琴，栽花种竹，靡不受正方家，考成老圃，备注条列，用助清欢。时乎坐陈钟鼎，几列琴书，帖拓松窗之下，图展兰室之中，帘栊香霭，栏槛花研，虽咽水餐云，亦足以忘饥永日，冰玉吾斋，一洗人间氛垢矣。

清心乐志，孰过于此？"

"明末四公子"之冒襄与爱姬董小宛皆爱香，也曾搜罗香药香方，一起作香，"手制百丸，诚闻中异品"。董小宛去世后，这段生活尤令冒襄怀恋，"忆年来共恋此味此境，恒打晓钟尚未著枕，与姬细想闻怨，有斜倚薰篮，拨尽寒炉之苦，我两人如在蕊珠众香深处。今人与香气俱散矣，安得返魂一粒，起于幽房闶室中也"（《影梅庵忆语》）。

高濂还曾在《遵生八笺·香笺》中提倡"隔火熏香"之法："烧香取味，不在取烟"，以无烟为好，故须"隔火"（在炭饼与香品之间加入隔片），隔片以砂片为妙，银钱等物"俱俗不佳，且热甚不能火"，玉石片亦有逊色；炭饼也须用炭、蜀葵叶（或花）、糯米汤、红花等材料精心制作。不过，这些细致的讲究大抵只在部分文人中流行。多数明清文人与宋元文人相似，并不排斥香烟，也常赞赏其诗意，文人用香还是以直接燃香为主，并不隔火。例如徐渭有"香烟妙赏始今朝""斜飞冉冉忽逍遥"；纳兰性德有"两地凄凉，多少恨，分付药炉烟细"；袁枚有"寒夜读书忘却眠，锦衾香尽炉无烟"。

明清时期的香学文论也较为丰富，各类书籍多有涉及香的内容，其中最突出的为周嘉胄的《香乘》。周嘉胄是明末知名文士，今江苏扬州人。《香乘》是古代内容最为丰富的一部香学专著，汇集了与香有关的多种史料，广泛涉及香药、香具、香方、香文、轶事典故等内容。

《普济方》《本草纲目》等医书对香药和香也多有记载。《本草纲目》几乎收录了所有香药，也记载了许多用到香药和熏香的医方，用来祛秽、防疫、安和神志、改善睡眠及治疗各类疾病，包括"烧烟""票鼻""浴""枕""带"等用法，如麝香"烧之辟疫"；沉香、檀香"烧烟，辟恶气，治瘟疮"；降真香"带之"、安息香"烧之"可"辟除恶气"；茱萸"蒸热枕之，浴头，治头痛"；端午"采艾为人形，悬于户上，可禳毒气"。

（二）咏香之风

　　明清咏香诗文数量甚丰，可见于各类文体，还有许多对香的点评，堪称妙语。例如，《太平清话》记载陈继儒言："香令人幽，酒令人远，石令人隽，琴令人寂，茶令人爽，竹令人冷，月令人孤，棋令人闲，杖令人轻，水令人空，雪令人旷，剑令人悲，蒲团令人枯，美人令人怜，僧令人淡，花令人韵，金石鼎彝令人古。"《考盘余事·香笺》记载屠隆言："香之为用，其利最溥。物外高隐，坐语道德，焚之可以清心悦神。四更残月，兴味萧骚，焚之可以畅怀舒啸……又可祛邪辟秽，随其所适，无施不可。"《遵生八笺》记载高濂曾划分香的风格："幽闲者"，如"妙高香、檀香、降真香"；"恬雅者"，如"兰香、沉香"；"温润者"，如"万春香"；"佳丽者"，如"美蓉香"；"蕴藉者"，如"龙楼香"；"高尚者"，如"伽楠香波律香"。不同的情境宜用不同风格的香："幽闲者"可清心悦神，"温润者"可远辟睡魔，"佳丽者"可助情热意，"蕴藉者"可伴读醒客等。明清咏香诗词众多，亦多有名家佳作，如文征明《焚香》："银叶荧荧宿火明，碧烟不动水沉清。""妙境可参先鼻观，俗缘都尽洗心兵；日长自展南华读，转觉逍遥道味生。"文征明是明代中期著名画家、书法家，与沈周、唐寅、仇英并称画史"吴门四杰"。

　　徐渭《香烟》："午坐焚香枉连岁，香烟妙赏始今朝。""直上亭亭才伫立，斜飞冉冉忽逍遥。"徐渭是晚明著名文士，字文长，书画文诗俱佳，齐白石曾言："恨不生三百年前，为青藤磨墨理纸。"被《人间词话》称为宋代后"第一词人"的纳兰性德也多有咏香佳句，如："香销被冷残灯灭，静数秋天。静数秋天，又误心期到下弦。""急雪乍翻香阁絮，轻风吹到胆瓶梅，心字已成灰。""寂寂绣屏香篆灭，暗里朱颜消歇。"纳兰性德字容若，是清初著名词人，出身贵胄而品性高洁，其词"纯任性灵，纤尘不染"，梁启超赞其堪比李煜。席佩兰诗《寿简斋先生》有名句："绿衣捧砚催题卷，红袖添香伴读书。"席佩兰是乾隆嘉庆年间女诗人，原名蕊珠，性喜画兰而自号佩兰，深得袁枚赏识。袁枚号简斋，又号随园老人。袁枚亦有《寒夜》一诗写焚香读书，因夜深不睡而被夫人训斥，颇有情趣："寒夜读书忘却眠，锦衾香尽炉无烟。美人含怒夺灯去，问郎知是几更天。"

明清还有许多专写某一香具、香品的诗词，如瞿佑的《烧香桌》《香印》（印香），王线的《谢庆寿寺长老惠线香》，朱之蕃的《印香盘》《香篆》（香烟）。明朝谏官杨爵的《香灰解》是一篇颇有特色的作品。嘉靖帝沉溺仙术，昏聩荒诞。先有大臣杨最因直谏下狱，刑重而死，群臣皆不敢言。杨爵又不计生死，上书极谏，受酷刑而泰然处之，狱中作《周易辨说》《香灰解》等。杨爵入狱后，又有其他官员冒死声援，终使嘉靖退让，释放杨爵。再后又有海瑞上书之事。嘉靖死后杨爵复官。杨爵在文中自言曾焚烧棒香以除狱中浊气，见烧后的香灰聚而不散，猜它是"抱憾积愤"而不能释然，于是为其解释生死存亡之理，为"香灰"做了一番"超度"，还赞之"煅以烈火，腾为氤氲"，"直冲霄汉，变为奇云，余香不断，苾苾芬芬"。

"故凡全气成质，寓形宇内而为人为物者，终归于尽。天地如此，其大也，古今如此，其远也。其孰不荡为灰尘，而扬为飘风乎……尔不馨香与物常存，煅以烈火，腾为氤氲，上而不下，聚而不分，直冲霄汉，变为奇云，余香不断，苾苾芬芬……吾以喻人事苟可死，何惮杀身。愿尔速化，归彼苍旻，乐天委运，还尔之真……呜呼，易化者一时之形，难化者万世之心，形化而心终不化，吾其何时焉与尔乎得一相寻也。"

# 第四章  香药典籍与香药研究

　　制香就是将香料原材加工成用于祭祀、熏香、计时、美容化妆、卫生保健的熏香料或化妆料。被加工后的熏香料或化妆料的形态主要有线香、盘香、香饼、香煤、香炭、香篆、香粉、香丸、香珠、香膏、香脂、香露、香泽、香汤等。

　　中国古代制香业源远流长，无论是宫廷还是民间，制香技术都很成熟。中国古代宫廷制香历史可追溯到秦汉时期，不过那时的制香人一般是后妃或宫女，没有明确的职务。

# 第一节　中国古代香药典籍

中国古代人们对香的研究已有一定的深度，出现了许多专门讲述香的著作，其中记载的许多香方很有价值，值得我们探索。

## 一、古代制香著作举隅

宋明时期对外交流频繁，人们安居乐业，许多域外的独特香料传入中国，并很快得以利用，此时的制香业尤为发达，出现了大量的制香方法并流传下来。遗憾的是，清末、民国时期政局动荡，百业凋零，制香业也难逃厄运。

宋时香料大量传入中国，皇宫的仓库中富有异香。北宋蔡绦《铁围山丛谈》记载："奉宸库者，祖宗之珍藏也。政和四年，太上始自揽权纲，不欲付诸臣下，因踵艺祖故事，检察内诸司。于是乘舆御马，而从以杖直手焉，大内中诸司局大骇惧，凡数日而止。因是，并奉宸俱入内藏库。时于奉宸中得龙涎香二，琉璃缶、玻璃母二大筐……玻璃母，诸珰以意用火煅而模写之，但能作珂子状，青红黄白随其色，而不克自必也。香则多分赐大臣近侍，其模制甚大而质古，外视不大佳。每以一豆火爇之，辄作异花气，芬郁满座，终日略不歇。于是太上大奇之，命籍被赐者，随数多寡，复收取以归中禁，因号曰'古龙涎'。"宦官争相将此香佩戴于颈中，相互炫耀，"诸大珰（宦官）争取一饼，可直百缗，金玉为穴，而以青丝贯之，佩于颈，时于衣领间摩挲以相示"。

宋宫中制香非常频繁，专门设有造香阁。北宋徽宗宣和年间（1119—1125 年）所造的香被称为"宣和香"，《癸辛杂识外集》记载："宣和时常造香于睿思东阁，南渡后如其法制之，所谓东阁云头香也，冯当世在两府使潘谷作墨，名曰福庭东阁，然则墨亦有东阁云。宣和间宫中所焚异香有亚悉香、雪香、褐香、软香、瓠香、猊眼香等。"南宋时有几位皇帝都沉迷于玩香，时常亲自调香合香："宣政间有西主贵妃金香，得名乃蜜剂者，若今之安南香也。"

"南宋光宗万机之暇留意香品，合和奇香，号东阁云头香，其次则中兴复古香，以占腊沉香为本，杂以龙脑、麝香、蘹葡之类，香味氤氲，极有清韵。"《陈氏香谱》中载有一则宣和御制香的制法："沉香七钱（剉如麻豆），檀香三钱（剉如麻豆烛黄色），金颜香二钱（另研），背阴草（不近土者，如无用浮萍），朱砂二钱半（飞细），龙脑一钱，麝香（别研）、丁香各半钱，甲香一钱（制过），以上用皂儿白水浸软，以定碗一只慢火熬，令极软，和香得所次入金颜脑麝研匀，用香蜡脱印，以朱砂为衣，置于不见风日处窨干，烧如常法。"因选材名贵，香味氤氲，宋宫中制作的熏香料一直被世人所称道，并被赋予雅称："江南宫中制香，名宜爱香，黄鲁直易名意可香。"

元明时期，宫中太医院制作的"御前洗面药""德州肥皂"等芳香美容品，可视为宫廷香皂的前身。元代《御药院方》中记载了以大皂角、香白芷、沉香、川芎、细辛、甘松、白檀等十五味药配制"御前洗面药"；明代太医院吏目龚廷贤编写的《寿世保元》记载了用独活、白芷、细辛、红豆、肥皂、净糖制造"德州肥皂"。至明代，宫中制香已颇具规模，制香工人不只有区区几个人，而达数百人，各人负责不同的部门与环节。以嘉靖十年（1531年）清查宫中匠役人数为例："清查军民匠役，革去老弱残疾，有名无人一万五千一百六十七名，存留一万二千二百五十五名。计存留军民匠一万二千二百五十五名：司礼监一千五百八十三名，（其中）合香匠八名，木匠七十一名，瓦匠六名。尚衣监一千二百四十九名，（其中）香匠一名，皮匠一名，钉底匠一名，镜儿匠一名，妆銮匠二名。供用库四百零一名，（其中）浇烛匠一百五十五名，香匠一百一名，医兽一名，油户一百四十四名。"

这些香匠在宫中的职责就是调配香料，制作各种熏香用的印香、合香、香饼、兽炭。兽炭是一种熏香辅助料，制法为"炭与铁矢，等分合捣，入芙蓉叶十之三，再捣，和糯糜范兽形"，晒干后，用火鞴红，置入香炉内的灰中，可以整夜不灭。《明宫史》称："厂中旧有香匠，塑造香饼、兽炭，又塑造将军或福判仙童钟馗各成对偶，高二尺许，用金彩装画如门神，黑面黑手，以存炭制，名曰彩妆，于十二月二十四日奏安于宫殿各门两旁。"

明代皇家香铺制香耗材相当惊人，有史料载："榆皮约三千驮，各香铺分用也。"枣是炭墼的重要制材之一，明宫中为了制作焚香用的炭墼，每年都向民间征收枣，"仁宗时惜薪司赋枣于山东河南，以供宫中香炭之用"。征收数量非常可观，有载："闻惜薪司奏准岁例，赋北京、山东枣八十万斤，为宫禁香炭之用。"

皇宫中所调制的熏香料品质佳，而且会印上标记，让人一看便知是宫中用品。例如，嘉靖年间（1522—1566年）造的"世庙枕顶香"，《香乘》引《猎香新谱》载："余屡见枕板香块，自大内出者，旁有嘉靖某年造，填金字，以之锯开作扇牌等用，甚香，有不甚香者，应料有殊等，上用者香珍，至给宫嫔平等料耳。"此枕顶香的制作方法："笺香八两，檀香、藿香、丁香、沉香、白芷各四两；锦纹大黄、茅山苍术、桂皮、大附子、辽细辛、排草（须极大者研末）、广零陵香各二两；甘松、山奈、金颜香、黑香、辛夷各三两；龙脑一两、麝香五钱、龙涎五钱、安息香一两、茴香一两。共二十四味为末，用白及糊，入血结五钱，杵捣千余下，印枕顶式，阴干，制枕。"还有宣宗时造的"甜香"，《考盘余事》记载："甜香，惟宣德年制清远味幽，坛黑如漆，白底上有烧造年月，每坛一斤，有锡盖者方真。"

明代，皇家也有将所制香料分赐给大臣的习惯，其中最有名的莫过于浸泡双手用的"沤手香"，称："太医院每岁制此，以分馈各官。"清宫中也是处处芳香，文献中关于清宫制作调配香料的记载很多，如"恩赐内制香定一匣，窑器一匣"："内制香"就是皇宫中所制的香料；"钦定工部豫制香"，意为让工部准备制作香料。到了清末，在慈禧太后和光绪皇帝所使用的美容化妆品之中，最常使用的当属"香肥皂"。这种宫廷用香皂是御医们的杰作，其中加入了若干中药，能祛除污垢、滋润皮肤。宫廷医药档案资料中有许多相关记载。

光绪年间的《流水出入药账》中有不少关于"加味香肥皂"的记录，如"光绪三十年二月十一日，谦和传收加味香肥皂一料，二钱一锭，一千六百二十六锭"，当日，"赏总管莲英加味香肥皂一百锭"；同年，"二月十七日，上用加味香肥皂十五锭"，"三月十三日，上用加味香肥皂四锭，沐浴用"，"四月十二日，赏二格格、四格格加味香肥皂各一锭"；还记载了光绪皇帝在光绪三十年（1904 年）五月十二日用加味香肥皂一匣，七月十九日用加味香肥皂十锭，七月二十五日、八月七日又各用十锭。

《酉阳杂俎》为唐代段成式撰写的中晚唐时期的笔记体小说。书中包括志怪、传奇，也包括杂事、琐语，乃至于考证。其中记载了香料植物（见卷十八）：

龙脑香树，出婆利国，婆利呼为固不婆律。亦出波斯国。树高八九丈，大可六七围，叶圆而背白，无花实。其树有肥有瘦，瘦者有婆律膏香，一日瘦者出龙脑香，肥者出婆律膏也。在木心中，断其树劈取之。膏于树端流出，斫树作坎而承之。入药用，别有法。

安息香树，出波斯国，波斯呼为辟邪。树长三丈，皮色黄黑，叶有四角，经寒不凋。二月开花，黄色，花心微碧，不结实。刻其树皮，其胶如饴，名安息香。六七月坚凝，乃取之。烧通神明，辟众恶。阿魏，出伽那国，即北天竺也。伽那呼为形虞。亦出波斯国，波斯国呼为阿虞截。树长八九丈，皮色青黄。三月生叶，叶似鼠耳，无花实。断其枝，汁出如饴，久乃坚凝，名阿魏。拂林国僧弯所说同。摩伽陀国僧提婆言，取其汁如米豆屑合成阿魏。

胡椒，出摩伽陀国，呼为昧履支。其苗蔓生，极柔弱。叶长寸半，有细条与叶齐，条上结子，两两相对。其叶晨开暮合，合则裹其子于叶中。形似汉椒，至辛辣。六月采，今人作胡盘肉食皆用之。白豆蔻，出伽古罗国，呼为多骨。形如芭蕉，叶似杜若，长八九尺，冬夏不凋。花浅黄色，子作朵如葡萄。其子初出微青，熟则变白，七月采。荜茇，出摩伽陀国，呼为荜茇梨，拂林国呼为阿梨诃咃。苗长三四尺，茎细如箸。叶似戢叶。子似桑椹，八月采。香齐，出波斯国。拂林呼为顶勃梨咃。长一丈余，围一尺许。皮色青薄而极光净，叶似阿魏，每三叶生于条端，无花实。西域人常八月伐之，至腊月更抽新条，极滋茂。若不剪除，反枯死。七月断其枝，有黄汁，其状如蜜，微有香气。入药疗病。

《桂海香志》为宋代范成大编撰，历史传本见于陶宗仪《说郛》卷六十二上。有关香料的记载：

南方火行，其气炎上。药物所赋，皆味辛而嗅香，如沈笺之属。世专谓之香者，又美之所钟也。世皆云二广出香，然广东香乃自舶上来广，右香产海北者，亦凡品，惟海南最胜。人士未尝落南者，未必尽知，故著其说。沈水香：沈水香上品出海南黎峒。上环岛四郡界皆有之，悉冠诸蕃所出，又以出万安者为最胜。中州人士但用广州舶上占城、真腊等香，近年又贵丁流眉来者。舶香往往腥烈，不甚腥者意味又短带木，性尾烟必焦，其出海北者，生交趾及交人得之，海外蕃舶而聚于钦州，谓之钦香。

蓬莱香：蓬莱香亦出海南，即沈水香结未成者，多成片如小笠及大菌之状，有径一二尺者，极坚实；色状皆似沉香，惟入水则浮，刳去其背带木处，亦多沈水。鹧鸪斑香：鹧鸪斑香亦得之于海南，沈水；蓬莱及绝好笺香中，楼牙轻松，色褐黑而有白斑，点点如鹧鸪臆上毛，气尤清婉，似莲花。笺香：笺香出海南，香如猬，皮栗蓬及渔蓑状，盖修治时雕镂费工，去木留香，刺棘森然，香之精锺于刺端，芳气与他处笺香复别，出海北者，聚于钦州品极凡，与广东舶上生熟速结等香相场，海南笺香之下，又有重漏生结等香，皆下色。

光香：光香与笺香同品第，出海北及交趾，亦聚于钦州，多大如山石，枯槎气烈，如焚松桧，曾不能与海南笺香比，南人常以供日用及常程祭享。沉香：沉香出交趾，以诸香草合，和蜜调如熏衣香，其气温磨，自有一种意味，然微昏钝。香珠：香珠出交趾，以泥香成小巴豆状，琉璃珠闲之，彩丝贯之，作道人数珠，入省地卖，南中妇人好带之。思劳香：思劳香出日南，如乳香愿青黄褐色，气如枫香，交趾人用以合和诸香。排草：排草出日南，状如白茅，香芬烈如麝香，亦用以合香，诸草香无及之者。槟榔苔：槟榔苔出西南海岛，生槟榔木上，如松身之艾葹，单燕极臭，交趾人用以合泥香，则能成温磨之气，功用如甲香。橄榄香：橄榄香，橄榄木脂也，状如黑胶饴，江东人取黄连木及枫木脂，以为榄香，盖其类出于橄榄，故独有清烈出尘之意，品格在黄连、枫香之上，桂林东江有此果，居人采香卖之，不能多得，以纯脂不杂木皮者为佳。零陵香：零陵香，宜融等州多有之。土人编以为席荐坐浔。性暖宜人，零陵今永州，实无此。

御医选用中药配制香肥皂和加味香肥皂，兼有美容功效，是中医药的新剂型。加味香肥皂的配方多数属芳香类中药，含有较多的挥发油，如檀香、排草（排香草）、广零（广陵零香）等都有浓烈的香气，用之洗沐，不仅能祛污辟秽，还能留下清雅持久的幽香。《本草纲目》载有"白旃檀涂身"，亦取其清爽可爱、香味隽永。因而各种"檀香皂"多属香皂中之上乘者。其他诸药又有行气、通络、祛风、散寒、消炎、解毒等功效，故能通腠理、活血络、散风解毒、消肿止痛止痒。从现代药理研究的结果分析，某些药物有抑制细菌和真菌、改善循环、消炎镇痛等作用。由此可见，加味香肥皂在皇宫中受欢迎也不无道理。

民间制香也是古代制香的重要组成部分。中国古代民间制香行业很早就出现了，但一直未在宋代之前的文献中找到相关记载。宋代香料大量传入中国以后，制香行业开始繁荣，"香铺""香肆"等相关信息突然出现，在南宋时期的诸多文献中均有记载，在《武林旧事》《梦粱录》等记录南宋都城临安起居生活的文献中多有体现。南宋都城临安（今浙江杭州），在当时是全国有名的芳香脂粉集散地，该地生产的脂粉被称为"杭粉"。周密将临安城中的香业尽数收录在他的著作《武林旧事》中，诸市包括炭桥的药市、官巷的花市、新门外东青门霸子头的菜市、官巷口钱塘门内的花团、后市街的柑子团；市食包括香药灌肺、薄荷蜜、橘红膏、醋姜、凉水、沉香水、梅花酒、金橘团、香薷饮、紫苏饮；香物包括小经纪（他处所无有）、香橼络儿、香橼坐子、蒲坐、香袋儿、画眉七香丸、香药、香炉灰、香饼。

《梦粱录》中提到杭州城中四时香花的买卖也很繁荣："四时有扑带朵花，亦有卖成窠时花，插瓶把花、柏桂、罗汉叶。春扑带朵桃花、四香、瑞香、木香等花，夏扑金灯花、茉莉、葵花、榴花、栀子花，秋则扑茉莉、兰花、木樨、秋茶花，冬则扑木春花、梅花、瑞香、兰花、水仙花、腊梅花，更有罗帛、脱腊、象生、四时小枝花朵，沿街市吟叫扑卖。"人们购买香花一般只为赏玩或制作香食，可以断定当时杭州城百姓的生活相当悠闲富足。该文献还首次提到熏香料的制作与买卖情况："供香印盘者各管定铺席人家，每日印香而去，遇月支请香钱而已。巷陌街市常有供香饼、炭墼，并炭挑担卖，还有铜匙箸、铜瓶、香炉、铜火炉等熏香用的铜铁器。"

由此可确切地知道南宋时已出现专门替人家制香、包香的香铺，每天有人来铺中取香，最后按月结算香钱，而香饼、炭墼、匙箸、铜瓶、香炉、铜火炉是熏香必备材料，既然这些东西都被放在街头巷尾买卖，可见熏香已走入寻常百姓家，彼时杭城定然处处飘香。

宋代杨泽民有词曰："征车将动，愁不成歌，对鬓翠叶。静掩兰房，香铺卧鸭烟罢喽。别后羞看霓裳，更把筝休轧。"当时制香的妇女在有些场合可被称为香婆。《香乘》称："宋都杭时诸酒楼歌妓闻集，必有老姬以小炉炷香供者，谓之香婆。"《武林旧事》载："及有老姬，以小炉炷香为供者，谓之'香婆'。有以法制青皮、杏仁、半夏、缩砂、豆蔻、小蜡茶、香药、韵姜、砌香、橄榄、薄荷，至酒阁分表得钱，谓之撒旦暂。"

杭州城买卖饮食或百货之人自古有装饰的风俗，以"耀人耳目"。士、农、工、商，诸行百户，衣着装束都有差别。香铺中人打扮很特别，香铺中的裹香人是"顶帽、披背子"，这在很长一段时间内成为香铺的特色招牌。据说是因为高宗南渡定都杭城后，经常出没于街市体察民情，所以百姓"车担盘盒器皿新洁精巧，不敢苟简，食味亦不敢草率也"。香铺中的摆设也很讲究，尤其每到中秋节百姓用香旺盛之时，"香铺皆铺设货物，夸多竞好，谓之歇眼灯烛，华灿竟夕乃止"。此时，有些大户人家已经有了秘藏自制香方，不再用香铺或香肆的普通香品。

比较有名的香方："刘贵妃瑶英香，元总管胜古香，韩钤辖正德香，韩御带清观香，陈司门木片香，皆绍兴乾淳间一时之胜耳"；"庆元韩平原制阅古堂香，气味不减云头"；"番禺有吴监税菱角香，乃不假印手捏而成，当盛夏烈日中一日而干，亦一时之绝品，今好事之家有之"。明代，民间香料买卖繁荣，制作工艺成熟，有些堪称绝技："前门外李家印各色花，巧者亦妙。东院王镇所制黄香饼，黑沉色，无花纹者亦佳。线香则数前门外李家，每束价值一分。又有以檀香入菩提子，中孔着眼引绳，谓之灌香数珠，京师有人能为之，亦绝技也。"

有些民间所制香料并不比宫廷的逊色。当时，刘鹤家配制的香料有口皆碑，有些品种甚至可与宫中所制的御香相媲美，史载："本司院刘鹤家香，帝王庙街刁家丸药皆著名，一时起家巨万……安息香，都中有数种，统名安息，其最佳者刘鹤所制，月麟、聚仙、沉速三品，百花香即下矣。龙挂香有黄、黑二种，黑者价高，惟内府者佳，刘鹤所制亦可。

芙蓉香、暖阁香亦刘鹤所制。龙楼香、万春香，内府者佳。黑香饼，都中刘鹤二钱一两者佳。"

除了刘鹤外，还有"玉华香雅，尚齐制也。河南黑芸香，短束城上王府者佳"。当时还有人家将自制的香料馈赠亲友，明代文人吴宽有一首赞美别人所赠香料的诗："暖烟盘出丝萦碧，细屑圆成箸削金。始信解家真得法，清泉饼莫送词林。"

到万历年间，贵族吴恭顺家的制香饼秘方名噪一时。《庚子销夏记》称："每饼以微火蒸之斋中可香月余，侯亦自珍惜，贵家得之，每以金丝笼罩为闺阁妆饰。当神庙盛时，京师三绝，谓吴恭顺家香，魏戚畹家酒，李戚畹家园也。"可见，吴恭顺家的香饼在当时相当有名，甚至连香铺、香肆所造香饼都比不上。其香饼配方："檀香四两，沉香二两，速香四两，黄脂一两，郎苔一两，零陵二两，丁香五钱，乳香五钱，藿香三钱，黑香五钱，肉桂五钱，木香五钱，甲香一两，苏合一两五钱，大黄二钱，山柰一钱，官桂一钱，片脑一钱，麝香一钱五分，龙涎一钱五分，以白及随用为末，印饼。"被称为"恭顺寿香饼"。文震亨曰："黄黑香饼，恭顺侯家所造，大如钱者，妙甚。香肆所制小者，及印各色花巧者，皆可用，然非幽斋所宜，宜以置闺阁。"此公侯家的香之所以无与伦比，据说是因为其中添加了香料"撒苾兰"。周嘉胄称："撒苾兰出夷方，如广东兰子香，味清淑，和香最胜，吴恭顺寿字香饼，惟增此品，遂为诸香之冠。"

## 二、古代医籍中的香疗

"香疗"是利用香料对人体进行保养、按摩、消毒、除臭等，以此达到养生保健和延缓衰老。或通过直接食用香料，或通过将香料飘逸出来的香气经嗅觉器官吸入人体内，或将香料与皮肤表面直接接触来产生明显的心理、生理反应，从而达到保健、治病、美容的目的。

这种方法在各国均应用十分普遍。古罗马将士常在战斗前将麝香油涂抹于身体表面，就是利用麝香油的兴奋作用来使自己亢奋，提高战斗力。在手术后或产后，医生会建议患者通过嗅闻柠檬来减轻术后的不适，这正是香疗在生活中的具体体现。

在中国，香疗的历史源远流长。用焚香的方法来抑制霉菌，驱除秽气，是中国古代流传已久的一种卫生保健习俗。在战国时期就有"浴兰汤兮沐芳"的香疗法。隋唐时香疗盛行于皇宫，杨贵妃以鲜花沐浴，到了清代，官府大家多习惯运用香疗强身健体，《红楼梦》中的冷香丸、玫瑰清露就是两个名贵的香疗方。

## （一）香疗法

香疗法是中医疗法中的"芳香辟秽"法。中医认为，气味无孔不入，香气通过口、鼻、皮毛等孔窍进入体内，可以影响五脏的功能，平衡气血、调和脏腑、祛病强身。这个理论也得到了西医研究的证实：气味分子可以促进人体免疫球蛋白的产生，提高身体抵抗力；同时能调节全身新陈代谢，平衡自主神经功能。从中医药学的角度来说，焚香当属外治法中的"气味疗法"。这是因为制香所使用的原料绝大部分是木本或草本类的芳香药物。通过燃烧所产生的气味，可起到杀菌消毒、醒神益智、润肺宁心、养生保健的作用。由于所含药物的气味不同，因此制出来的香便有品性各异的功能，如解毒杀虫、润肺止咳、防腐除霉、镇痛健脾。特别是被称为"国老"的中药——甘草，加入香方中可使制出的香不烈不燥，气味香甜柔润，更加宜人。中国传统的香疗法，就是采用具有芳香气味的药物组成各种方剂，制成各种剂型和香品，供人们食用或使用，以防病治病、美化生活、洁净环境、陶冶性情的一种疗法。

芳香药物的主要功效：香熏疗法所用的药物都具有芳香之气，在药性理论中多归于辛味，性多升浮，具有理气、解郁、化滞、开窍、醒神等功效。

### 1. 芳香化湿

脾喜燥而恶湿，湿阻中焦，脾胃动化失常，则会出现呕恶、舌苔厚腻等症状。芳香药物以其辛香之味醒脾化湿，帮助脾胃恢复建运。代表药有藿香、佩兰、苍术、砂仁、豆蔻、草果等。《本草纲目》云："按《素问》云：五味入口，藏于脾胃，以行其精气。津液在脾，令人口甘，此肥美所发也。其气上溢，转为消渴。治之以兰，除陈气也。"据李时珍所说："缩砂属土，主醒脾调胃，引诸药归宿丹田。香而能窜，和合五脏冲和之气，如天地以土为冲和之气。"

### 2. 芳香行气

《灵枢·脉度》云："气不得而无行也，如水之流，如日月之行不休，故阴脉荣其脏，阳脉荣其腑，如环之无端，莫知其纪，终而复始。"气机的升降出入保证了人体正常的新陈代谢，气机不畅则出现气滞、气逆等病理，影响正常的生理功能。故《素问》云："百病生于气也。"芳香药物气香而疏泄，有助于气机的调达畅行。代表药有檀香、沉香、木香、橘皮、佛手、香橼、甘松等。《本草纲目》云："木香，草类也。本名蜜香，因其香气如蜜也。木香乃三焦气分之药，能升降诸气。诸气膹郁，皆属于肺，故上焦气滞用之者，乃金郁则泄之也。中气不运，皆属于脾，故中焦气滞宜之者，脾胃喜芳香也。"

### 3. 芳香开窍

《难经》云："心重十二两，中有七孔三毛。"古人认为心的孔窍透达空灵，则神明有主，神志清理，思维敏捷；若心窍阻闭，为邪蒙或痰迷，则神明内闭，神识昏蒙。芳香药物药性走窜，入心经而开通心窍，苏醒神志。药用藿香、冰片、苏合香、石菖蒲等。《本草经疏》谓麝香："甄权言苦辛，其香芳烈，为通关利窍之上药。凡邪气着人，淹伏不起，则关窍闭塞，辛香走窜，自内达外，则毫毛骨节俱开，邪从此而出。"《神农本草经百种录》记载："石菖蒲，芳香清烈，故走达诸窍而和通之，耳目喉咙皆窍也。"

### 4. 芳香疏散

外感六淫邪气，常致风寒、风热或风湿表证。芳香药物性疏散，可使毛窍疏达，则开合可司，外邪祛除，卫阳宣畅，部分药物又可宣通鼻窍。代表药有紫苏、香薷、薄荷、菊花、白芷、辛夷等。《景岳全书》谓紫苏："味辛，气温。气味香窜者佳。用此者，用其温散。解肌发汗，祛风寒甚捷；开胃下食，治胀满亦佳。"《医学衷中参西录》云："薄荷味辛，气清郁香窜，性平，少用则凉，多用则热。其力能内透筋骨，外达肌表，宣通脏腑，贯串经络，服之能透发凉汗，为温病宜汗解者之要药。"

### 5. 芳香辟秽

利用药物自身的芳香之气，祛除外来的秽浊不正之气，以达到防病、防疫的作用。常用药物有藿香、苍术、石菖蒲、吴茱萸、冰片、草豆蔻等。《本经逢原》记载："苍术辛烈，性温而燥，可升可降，能径入诸经。疏泄阳明之湿而安太阴，辟时行恶气。"《本草经疏》谓草豆蔻："善破瘴病，消谷食，及一切宿食停滞作胀闷及痛。"

### 6. 芳香散寒止痛

寒邪凝滞致气滞血阻，不通则痛。芳香药物中的温性药，因其有辛散温通之性，常可起到散寒止痛的作用，如肉桂、桂枝、干姜、吴茱萸、丁香、高良姜、花椒。《景岳全书》云："丁香，能发诸香，辟恶去邪。"早在中国医学第一部典籍——战国时期的《黄帝内经》中，就把香疗法作为一种治疗方法。《素问·异法方宜论》说："北方人喜乳食，脏寒生满病，其治宜灸焫。"《素问·汤液醪醴论》说："必齐毒药攻其中，镵石、针艾治其外也。"这里提出了艾灸、熏燎等方法。《素问·奇病论》提出的因"数食甘美而多肥"所致的"脾瘅"，"治之以兰，除陈气也"。这里的"兰"，即香药佩兰。在汉代，宫廷内熏香、浴香等十分寻常。据《赵飞燕外传》记载，赵飞燕浴五蕴七香汤等。《太平御览》载有东汉秦嘉给妻子徐淑的书信："令种好香四种，各一斤，可以去秽……今奉麝香一斤，可以辟恶气。"

### （二）汉代医籍中的香疗

我国现存最早的药物学专著——汉初的《神农本草经》，书中共收载药物 365 种，其中载有麝香、木香、桂、白芷、兰草、秦椒、杜若、蘪芜、泽兰等香药，指出麝香能"辟恶气"，"除邪，不梦寤魇寐"；蘪芜主治"咳逆，定惊气，辟邪恶，除蛊毒鬼痊"；白芷"长肌肤，润泽颜色，可作面脂"。

### （三）东晋医籍中的香疗

葛洪的《肘后备急方》中首载了可香身、涂发、美颜和熏衣的香物及其处方，论及粉刺、狐臭、齿败气臭等损美性疾病及防治方法，这是迄今为止我国发现最早的香身、驻颜、美容的专篇。

### （四）南北朝医籍中的香疗

北魏贾思勰的《齐民要术》中也论及了香粉的制作方法："作香粉法，惟多着丁香于粉合中，自然芬馥。"南朝时范晔的《和香方》可称为最早的香疗方法专集。该著作成书于 430 年前后。由于原书已佚，其所载方药内容已无从查考，但从严可均《全上古三代秦汉三国六朝文》之《和香方·自序》中，仍可找到其内容梗概："麝本多忌，过分必害；沉实易和，盈斤无伤；零藿虚燥，詹唐黏湿。甘松、苏合、安息、郁金、奈多、和罗之属，并被珍于国外，无取于中土。又枣膏昏钝，甲煎浅俗，非唯无助于馨烈，乃当弥增于尤疾也。"书中介绍了部分香药的性味效用，不仅总结了南朝以前香药的有关知识，也提出了香药的临床应用和常用剂量，强调用香药不宜过量，超量应用往往对人有害。由此可见，《和香方》是一部很好的香药专书。陶弘景的《名医别录》在《神农本草经》的基础上，收集了汉晋以来民间的和外国传入的香药，如沉香、檀香、熏陆香、苏合香、詹糖香等，为香疗法的发展提供了药物学的依据。

### （五）隋唐医籍中的香疗

在唐代，无论是宫廷还是民间，都非常盛行食杏仁、饮杏露、宫室熏香、品饮香茶。历代皇妃贵妇视幽幽体香为贵体，杨贵妃不仅常沐香汤浴，还酷爱吃香榧子和荔枝；武则天爱饮用狄仁杰进献的"龙香汤"，她的女儿太平公主每日用桃花香露调乌鸡血煎饮，"令面脱白如雪、身光洁蕴香"。唐代的香疗法有了很大的发展。无论是宫廷或民间都非常盛行，包括宫室熏香、佩戴香袋、衣服熏香、沐浴香汤、妆饰香膏、品饮香茶等各种香疗方法。

唐代每逢腊日，君王要赏赐臣下各种香药、香脂等香疗制品。张九龄的《谢赐香药面脂表》："某至，宣敕旨，赐臣裹衣香面脂，及小通中散等药。捧日月之光，寒移东海；沐云雨之泽，春入花门。"可见，在唐代香疗已经成为风俗。隋唐时期出现了很多专门描述香疗的医学著作。唐高祖时欧阳询等编辑了我国最早的类书《艺文类聚》，其中辟有药香部，专收香药的典故资料。唐显庆四年（659 年），由政府主持修订的《新修本草》以及陈藏器的《本草拾遗》，都增补了当时各地使用的和外国输入的香药等。特别值得一提的是李珣的《海药本草》，其中记述的绝大多数是从国外输入的药物，按我国医药学的理论和方法加以论证。其中香药就达 50 余种，可以说是一本香药专集，从另一个侧面扩大了药物研究的范围和应用形式，进一步丰富了香疗法的内容。

隋唐之际，孙思邈的《千金要方》和《千金翼方》收载了当时宫廷和民间的大量香疗方法，辟有面药方、熏衣浥衣香方、令身香方等专章，收录了香疗法古方近百首。书中说："面脂手膏，衣香澡豆，仕人贵胜，皆是所要……然今之医门极为秘惜，不许子弟泄漏一法，至于父子之间亦不传示。然圣人立法，欲使家家悉解，人人自知，岂使愚于天下，令至道不行，拥蔽圣人之意，甚可怪也。"在唐代，香疗法的应用已经十分普遍。正如唐王建的《宫词》写道："供御香方加减频，水沈山麝每回新。内中不许相传出，已被医家写与人。"另外，王焘编著的《外台秘要》一书也专立香疗一卷，辑有面膏、面脂、澡豆、手膏、熏衣湿香、浥衣干香等，内容十分丰富，可谓汇集了唐以前历代香疗法的有效方法和经验。唐代香疗的方法还传到了日本。公元 743 年，高僧鉴真和尚率弟子东渡日本传授佛学医学，带去隋唐以前的医籍和乳香、龙脑香等多种药物，为中日文化医药交流做出了巨大贡献。日本丹波康赖编辑的《医心方》也辟有"劳气方"一门，收录了隋唐时中国的著名香疗方。

### （六）宋代医籍中的香疗

在宋代，香疗法达到了全盛时期。国家专设太医局、和剂局，组织汇编了许多大型方书。关于香疗的方法，宋代有很深入的研究。宋代李昉等编修的《太平御览》辑有"香部"，专论香药及其典故。《太平圣惠方》第四十卷记载了澡豆方、身体令香方，记录了多种香疗方法。《圣济总录》中的方剂，凡以香药作丸散汤剂之名甚丰，如以木香、丁香为丸散的方就多达上百首，分散在各门。《和剂局方》也收录了很多香茶、香汤和熏香的方剂。此书经过绍兴、宝兴、淳祐三朝的增订，几乎没有一方不用香药，如著名的苏合香丸、安息香丸、丁香丸、鸡舌香丸、沉香降气汤、龙脑饮子，不胜枚举。此外，在苏轼和沈括的《苏沈良方》、许叔微的《普济本事方》、王硕的《易简方》、严用和的《济生方》等著名医家的方书中，也选用了大量的香药和香疗方，从而产生了"局方学派"，形成了喜用香药的局方用药倾向。

香疗的盛行产生了许多香疗法专集，如洪刍《香谱》、范成大《桂海香志》、叶廷珪《名香谱》、沈立之《香谱》、武冈公库《香谱》、张子敬的《续香谱》、颜持约的《香史》、陈敬的《新纂香谱》。

宋代还盛行一种苏合香酒。据《彭乘墨客挥犀》记载："王文正太尉气羸多病。真宗面赐药酒一瓶，令空腹饮之，可以和气血辟外邪，文正饮之大觉安健，因对称谢，上曰：此苏合香酒也。"每一斗酒以苏和香丸一两同煮，极能调五脏，却腹中诸疾，每冒寒夙，兴则饮一杯，因各出数盒赐近臣，庶之家皆效为之，因盛于时。

### （七）明代医籍中的香疗

到明朝时，香开始广泛使用，并且形成了成熟的制作技术。关于香的典籍种类更多，尤其是周嘉胄所撰的《香乘》内容十分丰富。李时珍的

《本草纲目》中也有很多关于香的记载，收集了历代和民间有效验方一万多个，其中香药近百种，分别归在芳草、香木两类中，如香附子"煎汤浴风疹，可治风寒风湿"；"乳香、安息香、樟木并烧烟熏之，可治卒厥"；"沉香、蜜香、檀香、降真香、苏合香、安息香、樟脑、皂荚等并烧之可辟瘟疫"。《本草纲目》不仅论述了香的使用，还记载了许多制香方法，如书中所记："今人合香之法甚多，惟线香可入疮科用。其料加减不等，大抵多用白芷、独活、甘松、山柰、丁香、藿香、藁本、高良姜、茴香、连翘、大黄、黄茶、黄柏之类，为末，以榆皮面作糊和剂。"李时珍用线香"熏诸疮癣"，方法是点灯置于桶中，燃香以鼻吸烟咽下。除此之外，线香还可"内服解药毒，疮即干"。

明代的香疗法，值得一提的是现存最大的方书——《普济方》，书中专辟有"诸汤香煎门"，辑录了明代以前的经验良方，有香汤、香茶、熏香、焚香、香脂等各种香疗方法。此外，周嘉胄编纂的《香乘》，穷搜博采，凡有关香药的名品、故事以及各种香方的修合赏鉴诸法，旁征博引，各具始末，可以说集明代以前历代香疗法之大成。其他如龚廷贤的《寿世保元》也收载了许多香疗方。

### （八）清代医籍中的香疗

清代康熙之时，陈梦雷等主编的《古今图书集成》也集有香部。张玉书等编纂的《佩文韵府》也辑有香疗方面的内容。清代著名医学家赵学敏在《本草纲目拾遗》中收集的药物遍及海内外，补正明代医家李时珍之误。书中收载的藏香出自西藏，有红藏、黄藏、紫藏之分，作团成饼者良，如香炷者次之。赵氏说它"气味猛烈，焚之香闻百步外者佳。伪者名京香，不入药用"。《本草纲目拾遗》中所附载的"藏香方"，由沉香、檀香、木香、母丁香、细辛、大黄、乳香、伽南香、水安息、玫瑰瓣、冰片等20余气味芳香的中药研成细末后，用榆面、火硝、老醇酒调和制成香饼。赵氏称藏香有开关窍、透痘疹、愈疟疾、催生产、治气秘等医疗保健作用，其言不虚。因为制作藏香所用的原料本身就是一些芳香类的植物中药，将其燃烧后产生的气味可除秽杀菌、祛病辟邪。

健康、美丽是人类永恒的向往。早在远古时期，人类的祖先就利用大自然赋予人类的百草，熬制汁液进行消毒、除臭、保养、治病。早在英国伊丽莎白一世时代，英国的科学家就对自然疗法进行分析和整理，发展至今产生了现代的香熏自然疗法。人们通过口服、按摩、吸入、热敷、浸泡、熏蒸等方法，使植物精油进入人体，进而起到调节人体器官功能、增强人体免疫力、促进细胞再生、延缓人体老化的功效。香疗法，是中华传统文化及传统医学宝库中一份瑰丽的遗产，至今令海内外诸多华夏子孙痴迷。在我国五千多年的文明史中，对香身驻颜、洁肤美容有着深入的研究和广泛的应用。《山海经》《西山经》记载了"薰草佩之可以防病，苟草服之美人色"。春秋战国时期，人们就有口含香花和随身悬挂香草的习惯。伟大的爱国主义诗人屈原在他的代表作《离骚》中借用芳草等香物来比喻有才华、品德高尚的人。当时身上带香已经被看作是一种有学识、有身份的象征。到秦汉，人们用香料做成香囊随身佩戴，以香身辟邪。已出土的汉代饰物中就有香囊。魏晋隋唐时期，由于丝绸之路的发展，生产于阿拉伯、古印度地区的沉香等名贵材料进入我国。

随着我国医学的进步，人们已将香身驻颜和洁肤美容融为一体进行研究。李珣所著《海药本草》收集芳香药物50余种，成为第一部芳香的专集。葛洪所著《肘后备急方》论及粉刺、狐臭、齿败气臭等损美性疾病及防治方法，这是迄今为止我国发现的最早的香身、驻颜、美容的专篇。唐朝药王孙思邈著《千金方》，治法达两百余首，且有治口及身臭的"含香丸"记载。宋代是芳香疗法的全盛时期，出版了许多芳香疗法专著，如洪刍的《香谱》、叶廷珪的《名香谱》、颜持约的《香史》；又如"苏合香丸""安息香丸""丁香丸"等，均出现在那个时代。明朝朱橚的《普济方》中专辟了诸汤香煎门，收录了明代以前的经验良方，有香汤、香茶、香脂等多种芳香疗法。李时珍的《本草纲目》收集了芳香草药近百种。在清代的医药档案中，御用的香发方、香浴方、香丸方等更是内容丰富。在珍妃的医案中每剂药中都有玫瑰花，以香身解郁。**需要**

特别指出的是，饮食香料可使身体蕴香、生香、口香和身香，我国古代
早已被宫妃御女所采用。例如，越宫西施常用荷花与露珠取汁晨饮；杨
贵妃酷爱荔枝和香榧子，"一骑红尘妃子笑，无人知是荔枝来"；武则天
的女儿太平公主每日用桃花香露调乌鸡血煎饮，以驻颜美容，使身体芳
香；《红楼梦》中的薛宝钗、林黛玉都长期服用芳香药丸（香身丸、透骨
异香丸）。

## 第二节 中医名方化生香

3 世纪时，已较多地使用以多种香药配制的合香，如《南州异物志》记载了甲香单烧气息不佳，却能配合其他香药，增益整体的香气："（甲香）可合众香烧之，皆使益芳，独烧则臭。"

### 一、药方化生香方

东晋南北朝时，香药品种繁多，也已普遍使用合香。选药、配方、炮制都已颇具法度，并且注重香药、香品的药性和养生功效，而不只是气味的芳香。合香的种类丰富，就用途而言，有居室熏香、熏衣藏被、香身香口、养颜美容、祛秽疗疾、宗教祭祀等；就用法而言，有熏烧、佩戴、涂敷、熏蒸、内服等；就形态而言，有香丸、香饼、香炷、香粉、香膏、香汤、香露等。

#### （一）合香的普及

范晔（398—445 年）的《和香方·序》云："麝本多忌，过分必害。沉实易和，盈斤无伤。零藿虚燥，詹唐黏湿。甘松、苏合、安息、郁金、奈多、和罗之属，并被珍于外国，无取于中土。又枣膏昏钝，甲煎浅俗，非唯无助于馨烈，乃当弥增于尤疾也。"言香药特性，麝香应慎用，不可过分；沉香温和，多用无妨等。范晔实乃借香药影射朝中人士。

当时的文人士大夫不仅熏香、用香，还懂香、制香，能以香药喻人，也足见人们对香药和熏香的熟悉。文字虽短，却反映出当时用香、制香的观念和状况，颇有价值。据初步考察，《和香方》也是目前所知最早的香学（香方）专书，可惜正文已佚，仅有自序留存。

《肘后备急方》记载了"六味熏衣香"："沉香一两、麝香一两、苏合香一两半、丁香二两、甲香一两（酒洗、蜜涂、微炙）、白胶香一两。右六味药捣，沉香令碎如大豆粒，丁香亦捣，余香讫，蜜丸烧之。若衣加艾纳香半两佳。"魏晋士大夫之熏衣，或许也用此类合香。另载"令人香方"（香丸，内服）："白芷、薰草、杜若、杜蘅、藁本等分。蜜丸为丸，但旦服三丸，暮服四丸，二十日足下悉香，云大神验。"东晋南北朝时也出现了多部香方专书，除范晔《和香方》之外，还有宋明帝《香方》《龙树菩萨和香法》《杂香方》《杂香膏方》等（已佚）。

### （二）香药用于医疗

南北朝时的本草典籍《名医别录》收载了沉香、檀香、乳香（熏陆香）、丁香（鸡舌香）、苏合香、青木香、香附（莎草）藿香、詹糖香等一批新增香药。陶弘景曾为此书作注，并据之对《神农本草经》进行修订补充，增 365 种药，编撰了著名的《本草经集注》。

葛洪、陶弘景等许多名医都曾用香药治病，涉及内服、佩戴、涂敷、熏烧、熏蒸等多种用法。葛洪（283—363 年），自号抱朴子，是魏晋时期最重要的医学家，在温病学、免疫学、化学等多个领域都有世界性的贡献。陶弘景（456—536 年），齐梁间人，著名医学家，擅书法，精于制香，曾任梁武帝宰相，辞官隐修后，武帝仍常登门问询，人称"山中宰相"。葛、陶二人皆重视用香，也有许多用香药疗病的医方，如葛洪以"青木香、附子、石灰"制成粉末，涂敷以治疗狐臭；用苏合香、胡粉等做成蜜丸内服，治疗腹水（《肘后备急方》）；用鸡舌香、乳汁等煎汁以明目、治目疾（《抱朴子》）。陶弘景以雄黄、松脂等制成药丸，用熏笼熏烧，"夜内火笼中烧之"，以熏烟治"悲思恍惚"等症；将鸡舌香、青木香等制成药粉，涂于"内腋下"以疗狐臭（《肘后备急方》）。

葛洪还曾提出用香草青蒿治疗疟疾。20 世纪 70 年代，中国科学家从黄花蒿（古称青蒿）中提取出对疟疾有独特疗效的青蒿素。现在，国内外以青蒿素为基础开发的药物已成为世界上最重要的抗疟药物之一，挽救了数百万危重患者的生命，并为阻止疟疾传播做出了重要贡献。

六朝时期，边陲和域外传入的香药（尤其是树脂类香药）主要用于制作香品，药用相对较少。在唐代，绝大多数的香药已成为常用的（或重要的）中药材。《名医别录》《本草经集注》等典籍未收录的香药也陆续补入了本草著作，如高宗时的《唐本草》收载了龙脑香、安息香、枫香；唐中期的《本草拾遗》收载了樟脑、益智（也称益智仁）；唐末五代时的《海药本草》收载了降真香。至此，除龙涎香等少数品种外，传统香所用的主要香药都已载入本草典籍，也标志着对香药的特性有了系统的了解。

《海药本草》集中收录了产于西亚、南亚、东南亚等地或从海外引种于南方的药材，其中包括很多香药。撰者李珣，祖父为波斯人，生于四川，家中世代经营香药。李珣既通医学，也是唐末五代时较有影响的词人，亦有咏香诗词，如"游女带花偎伴笑，争窈窕，竞折团荷遮晚照"。

### （三）香药用于养生

香药用于医疗养生大致有两种方式：其一，以香品的形式出现，既可添香又可养生祛病，由于传统香的制作在用料、配方、炮制等很多方面都与中医相通，因此绝大多数的传统香都有不同程度的养生功效，这一类治病的香与普通的熏香没有明显的界线；其二，以药品的形式出现，将香药当作药材来使用，主要是取其药性，达到借芳香之气以开窍的目的。

无论是作为香品还是药品，香药在唐代医学中都有广泛的应用，有熏烧、内服、口含、佩戴、涂敷、熏蒸、洗浴等各种用法，《千金要方》《千金翼方》《广济方》《外台秘要》等医书都有丰富的记载。就香品而言，有各种配方的香丸、香粉、脂膏、澡豆、香汤等，可熏衣、祛秽、消毒、护肤、祛斑，治疗皮肤病、腋臭、口臭等。就药品而言，使用香药的医方更是数不胜数，如治"心腹鼓胀"等证的"五香丸"（又名沉香丸，由沉香、青木香、丁香、麝香、乳香等制成）；治"风热毒肿"等证的"五香连翘汤"；治邪气郁结的"五香散"等。

唐代医家对香药与香品的重视，与当时注重养生、养性有很大关系。孙思邈《千金要方》言："夫养性者，欲所习以成性。性自为善，不习无不利也。性既自善，内外百病自然不生，祸乱灾害，亦无由作，此养性之大经也……德行不充，纵服玉液金丹，未能延寿，故老子曰：善摄生者，陆行不遇兕虎，此则道德之指也。"

孙思邈修道，后世尊为真人，亦通佛理，倡导养性为养生祛病之本。其名著《千金要方》《千金翼方》中不仅大量医方使用了香药，还记载了品类繁多的香品，如熏衣香（熏烧或直接夹放在衣物中）、香身香口的丸散（内服、佩戴或口含）、面脂手膏（涂敷、浸泡）。其中有很多是宫廷秘方，从而也将深藏宫禁的医方传播到民间，造福于百姓。

《千金翼方》"妇人面药"一节言："面脂手膏，衣香澡豆，仕人贵胜，皆是所要……然今之医门极为秘惜，不许子弟泄漏一法，至于父子之间亦不传示。然圣人立法，欲使家家悉解，人人自知，岂使愚于天下，令至道不行，拥蔽圣人之意，甚可怪也。"王建亦有诗记之："供御香方加减频，水沈山麝每回新。内中不许相传出，已被医家写与人。"

孙思邈在《千金要方》中还有"论大医精诚"的名言："凡大医治病，必当安神定志，无欲无求，先发大慈恻隐之心，誓愿普救含灵之苦。若有疾厄来求救者，不得问其贵贱贫富，长幼妍媸，怨亲善友，华夷愚智，普同一等，皆如至亲之想，亦不得瞻前顾后，自虑吉凶，护惜身命。见彼苦恼，若己有之，深心凄怆，勿避崄巇、昼夜、寒暑、饥渴、疲劳，一心赴救，无作功夫形迹之心。如此可为苍生大医，反此则是含灵巨贼。"

### （四）医家喜用香药

宋代医家对香药的喜爱与重视在中医史上堪称空前绝后，各种医方普遍使用香药，可见于《圣惠方》《圣济总录》《和剂局方》《苏沈良方》

《普济本事方》《易简方》《济生方》等。

魏晋隋唐时期已有多种香汤、香丸、香散，宋代则种类更多，也常直接以香药命名，如"苏合香丸"，即唐代的吃力伽丸，用苏合香、麝香、青木香、白檀香、熏陆香（乳香）、龙脑香等，可治"卒心痛，霍乱吐利，时气瘴疟"等。

安息香，由沉香、安息香、天麻、桃仁、鹿茸等制成，可治"肾脏风毒，腰脚疼痛"等。木香散，由木香、高良姜、肉桂等制成，可治"脾脏冷气，攻心腹疼痛"等。著名的牛黄清心丸也使用了龙脑香、麝香、肉桂等，可治"诸风缓纵不随，语言謇涩"以及"心气不足，神志不定，惊恐怕怖，悲忧惨凄，虚烦少睡，喜怒无时，或发狂颠，神情昏乱"等。有些方剂还有很好的养生功效，如《和剂局方》之"调中沉香汤"，可说是一种养生、美容的饮品，用麝香、沉香、龙脑香、甘草、木香、白豆蔻制成粉末，以沸水冲开，还可加入姜片、食盐或酒，"服之大妙"，可"调中顺气，除邪养正"，治"饮食少味，肢体多倦"等，"常服饮食，增进腑脏，和平肌肤，光润颜色"。

《和剂局方》是宋朝政府和剂局的成药配本，其中绝大多数的医方或多或少都用到香药，"喜用香药"也成了《局方》的一大特点。元代朱震亨还对宋元医家之袭用《局方》、滥用成药和香燥之品提出批评，主张合理使用香药和局方成药。

## 二、补养保健为主

中国的香文化和中医学有着密不可分的联系。香文化中的各种香料，大部分有治病保健等作用，在中药学中被称为芳香药物。从现有的史料可知，春秋战国时，香料植物在中原地区已经有了广泛的应用，人们已将泽兰、蕙草、椒、桂、萧、郁、芷、茅等香草用于熏香、辟秽、驱虫、医疗等多个领域；使用方法已非常丰富，包括熏烧、佩戴、煮汤、熬膏、入酒等。中医学的奠基之作《黄帝内经》最早提出将香熏作为一种治疗疾病的方法，称为"灸疗"和"香疗"。秦汉时，随着国家的统一、疆域的扩大，南方湿热地区出产的香料逐渐进入中土。同时，随着张骞出使西域，"丝绸之路"开通，东南亚、南亚及欧洲的许多香料也传入了中国，极大地促进了中国香文化的发展。特别是两汉时期，不但先秦关于芳香植物、香料可以辟邪祛秽的认识延续了下来，而且这一时期的药学专著《神农本草经》记载了多种芳香药物的功用，如指出白芷可以"长肌肤、润泽，可作面脂"，还能治疗"血闭，阴肿，寒热，风头，侵目，泪出"等疾病。

隋唐时期，国内南北交流和对外经济文化交流迅速发展，使用的香料品种繁多，主要有沉香、紫藤香、榄香、樟脑、苏合香、安息香、没药等品种。用香更为多样化、细致化，而且同种用途的香料也有不同的配方，品种、用量都颇为讲究，绝大多数香料已成为常用的药材。孙思邈的《千金要方》中有不少由香药组成的配方，如"五香丸"，称"诸药合用疏肝和胃，化浊醒脾，辟秽香口"，沿用至今。藏医学专著《四部医典》中以"加素"之名记载的小豆蔻，是世界多地常用的植物药与香料，具有祛风、健胃、温肾壮阳的功效。唐末五代时期的本草学家李珣所撰的《海药本草》中载录香药131条，他对香药的分类、性状、功能、主治、炮制进行了详尽的记录。书中载："薰陆香，味苦、辛、温，无毒，善治妇人血气，能发粉酒，红透明者为上。"又有："没药，味苦、辛、温，无毒。主折伤马坠，推陈置新，能生好血。"

宋代之后，不仅佛家、道家、儒家提倡用香，香更成为普通百姓日常生活的一部分：在居室厅堂里薰香；佩戴各式各样的精美香囊、香袋；使用香料制作点心、茶汤、墨锭等物品。《圣济总录》中以香药作丸散汤剂之名甚丰，如以木香、丁香为丸散的方就多达上百首，仅"诸风"一门就有乳香丸8种、乳香散3种、乳香丹1种、木香丸5种、木香汤1种、没药丸5种、没药散2种、安息香丸2种、肉豆蔻丸1种。《苏沈良方》《普济本事方》《易简方》《济生方》等著名医家的方书中也记载了大量的香药，丰富了本草学。随着香药的大量应用，其芳香化湿、芳香辟秽、芳香开窍、理气止痛、活血通络的功用逐渐为医家所熟知。

明代香谱多录历代香方，及至清代最显著的特点，便是"蒸"香露以疗疾。此前，香露多为妇女容妆之品，明清之际虽亦见于闺阁之用，但已广泛应用于点茶、食用、药用等。"药露"的使用，使香药使用类型更加丰富。晚清时期，吴鞠通的《温病条辨》系统地总结了芳香类药物的药性特点和功效主治，展现出作者治疗发热善用辛凉芳香、巧用辛温芳香、妙用芳香开窍及重视透散的配伍应用规律。以芳香开窍药物为主创立的"温病三宝"（安宫牛黄丸、至宝丹、紫雪丹），选用犀、羚、脑（冰片）、麝等咸寒苦辛、芳香清透灵异之品，开心窍之闭，是中医学挽救生命于危在旦夕的宝方，受到古今医家的重视。

香熏疗法是通过挥发或燃烧芳香药物来对人体呼吸系统和皮肤进行刺激的自然疗法。虽然我国古代并未系统地提出香熏疗法的概念，但很早就将香熏疗法应用于临床，防治多种疾病。早在 4000 多年前，我国就出现了用于熏烧的器具。到了西周时期，朝廷更专门设立了掌管熏香的官职。《周礼》记载："翦氏掌除蠹物，以攻禜之，以莽草熏之，凡庶蛊之事。"由此可见，西周时期人们善用熏香驱灭虫类、清新空气。

香熏疗法发展至今形式多样，理论也日臻成熟，多用于辟瘟防疫、美容保健等。古代典籍中也有应用香熏疗法治疗疾病，甚至挽救生命的记载。例如，《养疴漫笔》中记载了名医陆氏用红花熏蒸的方法成功救治了一名产后血闷气闭的患者。

## （一）佩香

佩香是指将一些有特定功效的芳香药制成粉末，装在特制的布袋中，佩戴在胸前、腰际、脐中等处。药物通过渗透作用，经穴位、经络直达病处，可起到活血化瘀、祛寒止痛、燥湿通经的作用。我国长江以南地区多阴雨，导致湿度较大、蚊虫甚多，因此人们常常佩戴香囊以除潮湿、驱蚊虫。屈原的《离骚》中有"扈江离与辟芷兮，纫秋兰以为佩"和"户服艾以盈要兮，谓幽兰其不可佩"等诗句。据统计，《离骚》中共提到了秋兰、蕙、江蓠、艾、椒、桂、萧等 10 多种草木类的香料，可见当时熏香运用已较为广泛。

### （二）嗅香

嗅香是指选择具有芳香气味的中药，或研成粉末，或煎液取汁，或用鲜品制成药露，装入密封的容器中，以口鼻吸入，也可将药物涂在人中穴（鼻唇沟上中 1/3 交界处）上嗅之。此法通过鼻黏膜的吸收作用，使药物中的有效成分进入血液而发挥药效，可治疗部分疾病，如支气管炎、头痛、眩晕、失眠、鼻炎、咽炎、中暑。《备急千金要方》中有治鼻不利香膏方，将当归、薰草（《古今录验》用木香）、通草、细辛、蕤仁、川芎、白芷、羊髓制成小丸，纳入鼻中。

### （三）燃香

燃香是指将具有芳香醒脑、辟秽祛邪的中药制成香饼、瓣香、线香、末香等，置于香炉中点燃。此法通过燃烧熏香，使居室内香气缭绕，从而起到清新环境、怡养心神的作用。《本草纲目》记载："乳香、安息香、樟木并烧烟熏之，可治卒厥……沉香、蜜香、檀香、降真香、苏合香、安息香、樟脑、皂荚等并烧之可辟瘟疫。"燃香多混合了几种乃至数十种香料，香气更加浓郁，更加持久。

### （四）浴香

浴香是指将具有治疗作用的芳香类中药加入水中，用来洗浴或熏蒸，可健身除病、美容润肤。更有研究表明，浴香疗法对风湿病、关节炎、皮肤病等有一定的治疗作用。《本草纲目》记载："香附子，煎汤浴风疹，可治风寒风湿。"《小儿卫生总微论方》提出可用生姜浴汤，即以生姜四两煎汤沐浴，治小儿咳嗽。

# 第五章　东西方文化与香俗

　　文化是民族的血脉，是人民的精神家园。一个国家的文化关乎民族灵魂、人民幸福感，甚至是国家战略。传统文化正在回归，文化产业将不断创新和发展，中国文化将走向世界，为实现中华民族伟大复兴添砖加瓦。作为中国的传统文化，香文化的命运跌宕起伏。有人总结："中国香文化萌芽于远古祭祀之礼，起始于春秋佩香之德，成型于汉代和香之贵，成熟于盛唐用香之华，普及于两宋燃香之广，完善于明清品香之势，衰败于乱世征战之忧，回春于安定和谐之世。"中国用香的历史已有数千年，历代的帝王将相、僧道大德、文人墨客，乃至平民百姓，对香推崇有加。中国香文化承载着中华五千多年的自然精华，延绵着华夏文明光耀世界的灿烂历程，见证着历朝历代的变革复兴，濡养了无数仁人志士的身心。"焚香、品茗、插花、挂画"为古人四雅，焚香乃四雅之首。香文化也是东方美学文化之精髓。直到近代，由于战事四起，焚香这项需要闲情逸致的风雅之事，便湮没在漫天的炮火中，至今已断层百余年。雅致的品香文化虽然逐渐淡没了，但安闲恬静、陶冶情操的馨香，仍是我们寄托情思的慰藉。

## 第一节 东方香俗与西方香俗

认识世界通常有六个途径：由眼而生的视觉、由耳而生的听觉、由鼻而生的嗅觉、由舌而生的味觉、由身体而生的触觉、由心脑而生的情感和逻辑认知。在这六种认识世界的途径中，前五种是直接认知，后一种是间接认知。经由这六个途径，不同地区、不同种族的人们对世界形成了不同的认知，也形成了不同的文化。其中，香文化就是由嗅觉生发的对世界的认知，以及在这种认知之下形成的物质与精神层面的生活形式及历史。不同的文化形式对美有不同的认知，并产生不同的艺术形式。西方的嗅觉文化主要体现为通过香水调节人体的气味场的香水文化，东方的嗅觉文化主要体现为通过熏香调节空间气味场的熏香文化。

### 一、东方香俗

苏轼不仅是中国传统文化中继陶渊明和白居易之后的文人性格的典型代表，更是中国文化史上罕见的全才，在香文化史上亦占有重要地位。概而言之，苏轼不仅用香、品香，还制香、合香，可说是香界少有的通才。苏轼将香道视为书画一般的滋养性灵之桥，不仅享受香之芬芳，更以香正心养神；不仅将香道提升到立身修性、明德悟道的高度，还将禅风引入品香和香席活动中，以咏香参禅论道，表达自己的精神追求。北宋元丰六年（1083 年），苏轼在黄州，受转运使蔡景繁的关照，在黄州城南江边驿站增修房屋三间，位于临皋亭旁，俯临长江，取名南堂。据《东坡志林》云："临皋亭下八十数步，便是大江。其半是峨眉雪水，吾饮食沐浴皆取焉，何必归乡哉！江山风月，本无常主，闲者便是主人。"

苏轼还在《迁居临皋亭》中说："全家占江驿，绝境天为破。"其《南堂五首》从不同角度描绘南堂风光，最后一首写道："扫地焚香闭阁眠，簟纹如水帐如烟。客来梦觉知何处，挂起西窗浪接天。"

南堂四面临水，水天相接。夏日，在南堂扫地，焚香，静坐，安适自得。闭阁而昼眠，睡在细密的竹席上，竹席所织纹理光润，像水的波纹一样。纱帐轻细薄透，犹如李白《乌夜啼》中"碧纱如烟隔窗语"所述，似云烟缭绕一般。这种闭门焚香昼寝的境界，与苏轼《黄州安国寺记》所写"焚香默坐"的心曲是一致的，不同于王维《竹里馆》中"独坐幽篁里，弹琴复长啸"的悠闲意境，而近似韦应物"鲜食寡欲，所居必焚香扫地而坐"的高洁情怀，确实"可追踪唐贤"。因客忽访，打破梦境，恍惚醒来，一时间不知身处何处。挂起帘子，只见窗外江浪连天。那种闲适、安静、与天地自然气息相接的生活状态，跃然于纸上。诗写得声情俱美，形象自然，且意在象外。尤其结句，以景收束，挂起西窗，从阁内打通到阁外，拓出一派江浪连天的阔远境界，不仅表现了清静而壮美的自然环境，还与诗人悠闲自得的感情相融合，呈现出一种清幽绝俗的意境美，确如前人所评"想见襟怀"。

纪晓岚在《纪评苏诗》中认为："此首兴象自然，不似前四首，有宋人桠杈之状。"此诗写于贬谪时期，诗人仍能够焚香闭阁，酣然高卧，从容安闲，悠然自得，可见其真性情、真胸襟。北宋元祐元年（1086年），苏轼有《和黄鲁直烧香二首》："四句烧香偈子，随香遍满东南；不是闻思所及，且令鼻观先参。""万卷明窗小字，眼花只有斓斑；一炷烟消火冷，半生身老心闲。"黄鲁直即黄庭坚，也是香学史上的重量级人物。元丰八年（1085年），黄庭坚以秘书省校书郎被召，与苏轼第一次在京相见。元祐元年春，黄庭坚作《有惠江南帐中香者戏赠二首》赠给苏轼，其一云："百链香螺沈水，宝薰近出江南。一穟黄云绕几，深禅想对同参。"其二云："螺甲割昆仑耳，香材屑鹧鸪斑。欲雨鸣鸠日永，下帷睡鸭春闲。"黄庭坚从别人所赠的帐中香谈起，分析帐中香的成分与香味、焚香的时机、用何种香具，等等。前一首以精心炮制的"香螺"（即螺甲或甲香）、“沈水”（即沉香）开篇，说明帐中香来自江南李主后宫，这种百炼而成的“宝熏”，当时刚刚流行于江南一带；然后以香飘的形态来烘托诗中主角与同伴一起专注参禅的幽静、祥和、宁神的气氛。后一首开篇呼应前一首前两句，但换了一种描述方式，述及香材的外形，描写了制香原料上一点一点的斑纹，也就是对制香过程的细部观察。

甲香（或螺甲）有如昆仑人（南海黑人）的耳朵形状，据东吴时万震《南州异物志》载：“甲香，螺属也，大者如瓯，面前一边，直搀长数寸，围壳有刺。其厣可合，杂众香烧之，皆使益芳，独烧则臭。”甲香入香方中，有助发烟、聚香不散之特点，不过作为香药使用，需要经过繁复的修制程序。修制甲香，要以蜜酒再三煮过，焙干，如此重复数次，方能使用。“香材屑鹧鸪斑”说的是一种鹧鸪斑香，为香中之绝佳者，是从沉水香、蓬莱香及笺香中所得，因其色斑如鹧鸪而得名。丁谓《天香传》云：“鹧鸪斑，色驳杂如鹧鸪羽也。”叶廷珪《名香谱》有鹧鸪斑香，谓其“出日南”。范成大《桂海虞衡志·志香》云：“鹧鸪斑香，亦得之于海南沉水、蓬莱及绝好笺香中，槎牙轻松，色褐黑而有白斑点点，如鹧鸪臆上毛，气尤清婉似莲花。”接着，也是对前一首气氛的呼应，前一首说的是自己和同伴置身于宁静之境，后一首则用成天鸣叫的鸠以及鸭形熏炉，呈现一幅闲适且平静的春日画面。诗题既然称为“戏赠”，就考验苏轼的回应了。对此，苏轼亦在元祐元年分别依韵唱和。苏轼的两首和诗，最突出的特点是打通诗艺与香道，将《楞严经》的“鼻观”引入诗歌的评价，以“鼻根”品味黄鲁直的烧香诗偈。

第一首，称赞黄庭坚的诗偈如此美妙，已随江南帐中香的香气传遍东南，因此只能用鼻子来闻，才能感觉到其美其妙；这诗偈中的智慧，不是凭耳闻心思便能企及，而是要靠嗅觉的观照才能参透。虽然，苏轼用戏谑的方式提出从嗅觉的角度来观诗偈，但显然已经点透“鼻观”既是最佳的品香境界，也是最高超的品诗法。“四句烧香偈子”指黄庭坚的两首原诗，“偈”是梵语“偈佗”的简称，即佛经中的唱颂词，通常以四句为一偈。"闻思"来自《楞严经》卷六观世音所云"佛教我从闻思修入三摩地"，佛书还称观世音为闻思大士。宋陈敬《陈氏香谱》中有配方略异的两种"闻思香"之香方，应取意于此。明代周嘉胄则认为"闻思香"为黄庭坚所命名，其《香乘》卷十一云："黄涪翁所取有闻思香，概指内典中从闻思修之意。""鼻观"又称鼻端白，是佛教修行法之一，注目谛观鼻尖，时久鼻息成白，故次公注曰："佛有观想法，观鼻端白，谓之鼻观，新添香之妙意，非闻与思所从入也。"此首诗意，即《楞严经》所云："孙陀罗难陀即从座起，顶礼佛足而白佛言：我初出家，从佛入道，虽具戒律，于三摩提，心常散动，未获无漏。世尊教我，及俱絺罗，观鼻端白。我初谛观，经三七日，见鼻中气出入如烟，身心内明，圆洞世界，遍成虚净，犹如琉璃，烟相渐销，鼻息成白，心开漏尽，诸出入息化为光明，照十方界，得阿罗汉，世尊记我当得菩提。"

　　第二首，以文人书斋中的熏香作为内心表露的回应，言万卷小字密密麻麻，即使置于明窗之下，也让人无法看清楚。当一炷香烧尽时，个中的妙意尽是心境的平静，带入出世之思。末句有欲隐居世外之意，即使暂时漂游于俗世，亦令人有隽永意冷之感，或许与苏轼在朝中几度沉浮的经历有关。当时，苏轼已经 51 岁，在京任中书舍人，九月为翰林学士。然而，如同爱书人进入藏书无穷的书斋，却眼已昏花，只觉字小；烟消火冷，香味已远。对苏轼而言，或许半生身老，大抵只剩"心闲"，而溯其源，应该也是取义于《楞严经》中关于鼻观的另外一个典故："香严童子，即从座起，顶礼佛足，而白佛言：我闻如来，教我谛观，诸有为相。我时辞佛，宴晦清斋。见诸比丘，烧沉水香。香气寂然，来入鼻中。我观此气，非木、非空、非烟、非火。去无所著，来无所从。由是意销，发明无漏。如来印我，得香严号。尘气倏灭，妙香密圆，我从香严，得阿罗汉，佛问圆通，如我所证，香严为上。"香岩童子因香而悟道，参透禅关才是主题。"鼻观"是山谷以禅入诗之惯用词语，其《题海首座壁》中也有"香寒明鼻观，日永称头陀"的说法。而《谢曹方惠二物》其一亦云："炷香上裹裹，映我鼻端白。"鼻子具有眼睛的"观"的功能，这种说法源自《楞严经》中"六根互相为用"的思想。佛教称人的眼、耳、鼻、舌、身、意为六根，对应于客观世界的色、声、香、味、触、法六尘，而产生见、闻、嗅、味、觉、知等作用。与此相应，《俱舍论颂疏》有"六境"之说，即色、声、香、味、触、法六种境界。《楞严经》认为，只要消除六根的垢惑污染，使之清净，那么六根中的任何一根都能具他根之用，这叫作"六根互用"或"诸根互用"。惠洪不但信奉"鼻观"说，而且相信眼可闻，耳可见，各感官之间可以互通。他在《泗州院旃檀白衣观音赞》中说："龙本无耳闻以神，蛇亦无耳闻以眼，牛无耳故闻以鼻，蝼蚁无耳闻以身。六根互用乃如此，闻不可遗岂理哉。"他认为，"观音"一词，表示声音可观，本身就包含六根互用、圆通三昧的意味。在《涟水观音像赞》中他对此进行讨论："声音语言形体绝，何以称为光世音？声音语言生灭法，何以又称寂静音？凡有声音语言法，是耳所触非眼境。而此菩萨名观音，是以眼观声音相。声音若能到眼处，则耳能见诸色法。若耳实不可以见，则眼观声是寂灭。见闻既不能分隔，清净宝觉自圆融。"

两组四首六言咏香小诗，见证了黄庭坚与苏东坡之间最初结交的一段情谊，也是苏、黄二人日后不断分享烧香参禅的生活情调的一个缩影。在苏黄应答诗中，两人以香所结的情缘，同修共参，令人动容，所谓气味相投，莫过于此。"沉水""烧香""一穟黄云""鼻观先参"，种种场景，建构出一种安和平静的气氛。"身老心闲"，渗透着对清静心有所追求的思想，平静如"火冷"一般，是对寂静本心的向往，想要抛开令人"眼花斓斑"的"万卷小字"，以求一念清净、心身皆空、物我相忘之境，而"烟消火冷"四字，则把此种意境展现得恰到好处。继苏轼之和诗，黄庭坚又有《子瞻继和复答二首》："置酒未容虚左，论诗时要指南。迎笑天香满袖，喜公新赴朝参。""迎燕温风旎旎，润花小雨斑斑。一炷烟中得意，九衢尘里偷闲。"及《有闻帐中香以为熬蝎者戏用前韵二首》："海上有人逐臭，天生鼻孔司南。但印香严本寂，不必丛林偏参。""我读蔚宗香传，文章不减二班。误以甲为浅俗，却知麝要防闲。"

苏、黄二人以六言小诗的形式这般相互唱和，乐于玩味再三，看似无拘束的轻松交流，实是对佛理的同参，融入了禅机妙理，可见二人精神境界在诗道与香道上的契合。

另一位在诗道与香道上与苏轼契合的，是他的弟弟苏辙。苏轼曾在苏辙的生日寄赠檀香观音像，并将专门合制的印香（调制的香粉）和篆香的模具（银篆盘）作为寿礼，可见其对香道的重视与钟爱。其《子由生日以檀香观音像及新合印香银篆盘为寿》诗云："旃檀婆律海外芬，西山老脐柏所薰。香螺脱黡来相群，能结缥缈风中云。一灯如萤起微焚，何时度尽缪篆纹。缭绕无穷合复分，绵绵浮空散氤氲，东坡持是寿卯君。君少与我师皇坟，旁资老聃释迦文。共厄中年点蝇蚊，晚遇斯须何足云。君方论道承华勋，我亦旗鼓严中军。国恩未报敢不勤，但愿不为世所醺。尔来白发不可耘，问君何时返乡枌，收拾散亡理放纷。此心实与香俱焄，闻思大士应已闻。"这首诗尚存苏轼原迹拓本，曾收入宋拓《成都西楼苏帖》。帖心高 29.5 厘米，天津市艺术博物馆藏端匋斋本，题为《子由生日诗帖》。诗作于北宋绍圣元年（1094 年）二月初，当时苏轼在定州任知州，苏辙在京师为官。苏辙生于己卯年二月二十日，所以苏轼诗中称其为"卯君"。《唐宋诗醇》评云："香难以形容，偏为形容曲尽。平时好以禅语入诗，此诗偏只结句大士已闻一点，真有如天花变现不可测。识者在诗道中，殆以从闻思修而入三摩地矣。"确实，苏诗只在结尾点题，再次呼应《和黄鲁直烧香二首》从《楞严经》中"彼佛教我，从闻思修，入三摩地"借鉴的"闻思"，禅思、香道与诗艺打通一气。清代张问陶则评云："此作章法奇甚，仄韵叶来稳甚。"多处谈香，旃檀即檀香，婆律即龙脑香（亦名冰片），均为海外引进的名香。《酉阳杂俎》前集卷十八云："龙脑香树，出婆利国，婆利呼为固不婆律。亦出波斯国。树高八九丈，大可六七围，叶圆而背白，无花实。其树有肥有瘦，瘦者有婆律膏香，一曰瘦者出龙脑香，肥者出婆律膏也。在木心中，断其树劈取之，膏于树端流出，斫树作坎而承之。入药用，别有法。"诗中"柏"即柏树，是用来熏烧的香料；而"香螺脱靥"为甲香，能聚众香，多出于海南，这些显然是东坡合香的香料；"老脐"指麝香，诗言麝食柏而香，原袭古人成说，不过麝的取食的确很清洁，如松与冷杉的嫩枝和叶，及地衣、苔藓、野果。合香所用为整麝香，即毛香内的麝香仁，俗称"当门子"，其香气氤氲生动，用作定香，扩散力最强，留香特别持久，唯名贵不及舶来品的龙涎香。"缪篆纹"一句，又谈到用香工具，即篆香盘，从后句"缭绕无穷合复分"看来，这款香印屈曲缠绕，相当回环复杂，饶有意趣。后半段回顾与子由各自生平的主要阶段，堪称苍茫一生之概括，并表达了与子由一起返还乡枌之心。特别是最后一句，颇有些与香并世而存，又要与香共赴九天之感，可见兄弟情谊之深厚。

## 二、西方香俗

东西方香文化差异较大的原因有以下四个方面：①从生理和生活习惯上来说，西方民族的平均汗腺数量（约180万）比东方民族（约120万）多三分之一。西方民族饮食习惯中的含肉量远多于东方民族，他们对美化自身体味的需求远高于东方民族；②在传统的东方文化中，异性之间极少接触，美化体味对异性的吸引"无用武之地"，故男性不以体香为主流之美；③西方文化中突显个性及个人价值，香水的使用对此很有助益，而东方民族在文化中强调的是个人在群体中价值的彰显，所以更注重香气在环境中的体现；④在中国传统文化中"香药同源"，熏香在祖国传统医学中一直被视为重要的养生与保健方式。先秦时期，人们已懂得用香草治病。《孟子》云："今欲王者，犹七年之病，求三年之艾。"唐代医家孙思邈名著《千金要方》《千金翼方》中不仅有大量医方使用了香药，还有品类繁多的香品。在西方，1928年，法国医生加特斯特首次在临床治疗中使用芳香疗法，并创造了"aromatherapy"（芳香疗法）这个词，距今不到 100 年。

## （一）古希腊、古罗马香俗

古希腊民族的性格特点在于他们对人体自然美的欣赏，他们的最高理想是"身心皆美"，所以他们会十分自然地呈现裸体，而且非常注意保养肌肤。古希腊人认为身体美包含两个方面：一是形体的健美；二是身体气味的芳香，后者可通过洗澡来完成。身体的气味是古希腊人关注的焦点。在古希腊人看来，在热水浴、蒸汽浴、冷水浴之后，使用特殊的方法使身体的气味芳香，这是一种奢侈的享受，代表着人生的某种追求。古希腊人的洗浴堪称文化和艺术，大概在公元前 6 世纪就已经有公共浴室了。洗浴，不仅能清洁肌肤和放松肌肉，更能纾解精神和调节情志。洗浴能使人身体愉快，同时提供了公开展示和欣赏人体美的机会。贵族和富人在浴室洗浴时，会带上两三个自家的奴隶随行伺候，一个在更衣室看管衣物，一个拿着芳香油、苏打水、毛巾等用品，还有一个负责搓背探身。古希腊人喜欢用橄榄油涂抹全身。在希腊神话中，众神赠给人类最宝贵的礼物是橄榄树。当赫拉想要引诱宙斯时，她就在自己身上涂上这种膏状物——橄榄油。雅典是古代奥运会的发源地，当时获胜者的唯一奖品就是橄榄枝。橄榄枝还代表了万物希望与和平之光，而橄榄油更是宝中之宝，被称为"液体黄金"。

这种文化一直延续到古罗马帝国。在古罗马人的香身文化中，橄榄油是健康和美容仪式的一部分。在古罗马帝国，香身的重要性大大提高，体香被认为是极有价值、极其重要的。香料的美容和医药用途在古罗马的文献中有广泛记载，但他们太过浪费——据说，罗马皇帝尼禄在妻子的葬礼上焚烧了整个罗马一年库存量的肉桂皮。

## （二）古埃及香俗

4000 年前，古埃及人就开始使用香料。法老曾从东非之角获取了

31 棵香树，这些战利品释放出的香味令法老叹为观止。其细节可从哈特谢普苏特和伊德夫神庙遗址中一览无余，其中的画面记录了当年人们使用、加工、储存香料的诸多情景。这至少说明在法老时期，香料已被百姓接纳并成为生活中不可或缺的物质。烹饪食品、治疗伤口、防腐、美容，甚至神庙祭祀等，无一不与香料有关。事实证明，香料特有的防腐功能使木乃伊成为考古界探索的旷世之谜。

来自埃塞俄比亚的香料树在埃及种植获得成功后，被引种到阿拉伯半岛南部地区。特殊的气候及土壤条件使香料树成为该地区生物圈中最富有生命力的树种之一。生活在该地区的人从这些外来品中发现了出人意料的奇异功能后，其种植面积便逐渐扩大。人们开始研究如何更多地提取香料，并把富余的香料与其他地区的居民进行交换。阿拉伯人从香树的分泌物中提取乳香进行交易之举触动了学者们的好奇心，为他们著书立说提供了第一手的宝贵资料。希罗多德（约公元前484—前425年）笔下的"这个地区遍地幽香，甜味沁脾"，不仅真实地描写了阿拉伯半岛南部地区香料的生长规模与令人叹服的质量，更对阿拉伯香料给予了最高的赞赏。

古埃及人改变体味的方法主要是沐浴，他们大概是最懂得奢华沐浴艺术的民族了。他们依自己的心情赋予沐浴不同的仪式，或修复身体，或感官之乐，或宗教气息，最后再以全身香油按摩作为结束。历史上，最先广泛使用植物精油的国家正是古埃及。

古埃及文明高度发达，古埃及人发展出了一种特别精致的芳香沐浴方式。最久远和最简单的沐浴方式就是将芳香药草或花卉扎于小袋中，放到浴水中，让热水激发出花草袭人的香气，或者将它们放到热水中煮沸后，再将精华汁液倒入浴水中。而埃及贵族女子会用花瓣铺满整个房间，并用香黄油沐浴。另外一种香身的办法就是使用香水。古埃及人对香精的提炼最早可以追溯到公元前4000年，据说他们有很多香精配方。他们配置香精的过程如同配制药物般严格而神秘，如使用产自哪个地区的原料，每种原料加入多少以及加入的顺序，是否需要加热以及加热的时间，浸泡的方法以及应该使用什么样的器皿，最终成果应该呈现什么样的色彩与重量等都有规定。在古埃及，香精是为神灵而准备的供品，香料香膏也被用于尸体的防腐处理。古埃及人发明了复杂的香精提取方法：从某种花朵中或带有香味的叶子中提炼香精，如百合花、荷花。古埃及人在制作木乃伊的过程中使用了神秘的香精和油膏，这些珍贵的配方已经失传，现代人很难确定它们的成分。

古埃及发生过许多为了稳定香草来源而发动的战争。例如，在女法老哈特谢普苏特的陵墓壁画上就刻满了她为取得香料而远征异国的彪炳事迹，她甚至在皇宫内建了一个大花园，网罗各地的芳香植物。埃及早期的香草，为了方便运输大多以香膏、香脂的方式保存，而其主要的用途是表达对神祇的崇拜。

古埃及人认为，香是凡人与上天的媒介，所以在古埃及太阳神庙中，每天必须焚香三次。古埃及人对香熏疗法也颇有心得，不同的用途有不同的配方，包含了许多原料。古埃及人也在烹制食品时放入胡椒、桂皮、石竹花、茴香、锦葵籽等。这份食用香料名单中如今加入了辣椒、咖喱粉、孜然这些典型的阿拉伯香料。埃及人很早就懂得用没药和香杉精浸泡的绷带能够起到消毒的作用。而日常生活中使用的由凤仙、蓝莲、百合等提炼的香精不仅能使空气芬芳，也可以用来治疗疾病，并且广泛用于庆典和祭祀活动。最早的时候，香精的角色非常神圣，只有地位尊贵的祭司才有权配制香料，而且配制前还要举行特别的仪式。

## （三）阿拉伯地区香俗

阿拉伯地区拥有丰富的香文化。源于阿拉伯地区的香料极具特殊性，表现为：该地区的香料在世界文化史上占有极其重要的地位；古代史学家曾涉足阿拉伯香料的研究；非物质文化遗产名录中有著名的阿拉伯香料遗址；阿拉伯香料是外交界不可或缺的礼物；阿拉伯香料促进了东西方贸易的往来与发展。人类学和社会学领域的学者认为，阿拉伯香料在阿拉伯文化中的地位不可低估，作为社会文化的组成部分，阿拉伯香料及其五花八门的功能赢得了世人的青睐，阿拉伯香料在人类文化中享有盛誉。

在阿拉伯人的世俗事宜中，香料是绝对的主角，如果没有香料，该活动就显得没有档次或没有达到应有的境界，也显得当事人不够雅致和讲究。在他们的生活理念中，洁净是首要的生活要素，为洁净增添一定的色彩是阿拉伯人崇尚的标准，也是他们的光荣传统。他们在任何场合都要使用香料，添丁、嫁娶、丧葬、宴请等，甚至是人受惊晕厥也要使用香料，帮助其苏醒。在阿拉伯地区，不论是在现实生活中还是文学作品中，都不同程度地体现出香料对生活的裨益。"首先闻到一股从来不曾闻过的芳香气味……旁边摆着两个大香炉，里面的麝香和龙涎香发出芳香气味，弥漫了整个屋子"。这不只是文人墨客夸张出的华丽辞藻，事实上，香料已融入阿拉伯人的生活中，且一代一代延续了下来。

阿拉伯民族对香料的钟爱主要有两个原因：一方面，阿拉伯半岛具备香料生长的特殊气候与土壤，人们在开发利用这些自然资源前就已经掌握了种植、收获、加工香料的基本技能；另一方面，阿拉伯人认为香料是高尚的精神生活与美好的物质享受的完美结合，且两者永远难以割舍。因此，阿拉伯香料始终被广大百姓所接受和使用，用香、品香成为流传百世的物质享受与精神享受。

阿拉伯人使用香料的历史悠久，无论是平民百姓还是贵族富商，均喜欢在日常生活中使用香料。在他们的心目中，香料不但有驱蚊避虫、净化空气、促进伤口愈合、美容等功效，还具有神圣的寓意，焚香是接近神灵的最佳方式之一。

# 第二节　西欧社会生活中的香

　　香料是中世纪西欧社会生活中的重要消费品之一。将香料的应用作为一种文化现象来考察，有助于理解香料与西欧中世纪社会的关系，进而丰富西欧中世纪社会生活史的内涵；对解释为何欧洲的香料价格如此昂贵、为何欧洲人痴迷于香料、香料对中世纪欧洲社会产生什么影响等问题也有重要意义。

　　香料消费的历史与香料贸易一样悠久。在古罗马，香料除用于医药和宗教领域外，还开始大量用于饮食。古罗马人并非最早开始食用胡椒的欧洲人，但却是最早习惯性地食用胡椒的民族。与印度的直接贸易使罗马帝国的胡椒价格大为降低，即使是普通士兵也消费得起。红海地区征收高税率的商品中不包括胡椒和乳香，这两种香料在当时大概不属于奢侈品。公元 1 世纪的罗马美食家阿庇西乌斯是第一位将香料当作现代意义上的调味品的人。其著作《论烹调》列出了 468 个食谱，其中仅胡椒就出现了349 次，广泛用于烹制各种蔬菜、鱼、肉食、甜品等。中世纪欧洲继承了罗马帝国的传统，香料被用于饮食、医药、宗教仪式等领域，还成为社交礼品和支付手段，并在上流社会的宴会上发挥了重要作用。

## 一、饮食

　　香料最常见、最重要的用途是饮食。频繁而大量地使用香料是当时的饮食风尚，也是中世纪饮食与当代西方饮食最重要的区别。香料在13—15 世纪的饮食中无处不在：在 1 世纪欧洲的烹饪类书籍中，75%的食谱都需用香料，中世纪英国的烹饪类书籍中香料的使用率甚至高达90%。当时的厨师发明了数百种使用香料的方法，几乎没有什么食物不加香料。"无论何种原因或需要与否，在任何情况下，菜肴总是为香料所笼罩"。人们通常会把食物碾碎，然后加入大量香料，以至于食物本身的味道都被香料遮盖了。"事实上，食物完全被香料埋起来了，它不过是所用的那些复合香料的陪衬"。尽管中世纪的食谱没有规定香料的用量，但可以通过其他资料进行推测。1194年，苏格兰国王拜访英王理查一世，除了获得其他礼物外，每天还获得2磅胡椒和4磅肉桂，这肯定大于一个人每天的消耗量。15世纪，英国白金汉公爵汉弗莱·斯塔福德的家庭一个月内消费了361磅胡椒、194磅生姜及其他各种香料，平均每天差不多2磅香料。在节日期间和各种宴会上，香料的用量比平时更多。因为客人盘中的胡椒越辛辣，说明主人的招待越隆重。一些贵族的家庭账簿显示，香料简直不是一种调味品，而是一种食之成瘾的东西。如此多的香料是如何被消耗完的呢？

### （一）"保存肉食和遮掩腐肉味道"之谬误

一种流传甚广的传统观点认为，由于当时没有冰箱等保存食物的设备，因此胡椒成了冬季保存肉食的主要手段，其他香料则用来遮掩腐肉的味道。这一观点源于20世纪某位英国史学家，现在受到了越来越多的质疑。

首先，从经济角度看，香料贵重难得而肉食相对便宜易得，上述观点很难令人信服。从东方进口的香料是已知的中世纪最昂贵的物品之一。牛津伯爵1431—1432年的家庭账簿记录，1头猪与1磅最便宜的香料（胡椒）价格相等。那些有能力享用香料的人只需花费买香料的钱的一小部分就能买到新鲜的肉，那么为什么要把昂贵的香料浪费在廉价的肉上呢？穷人更担心食物腐败，但他们根本没钱买香料。他们用盐和本地药草来保存食物或进行调味，这在保存食物方面比香料更有效。近来的研究表明，洋葱、大蒜、多香果、牛至等可杀灭食物腐败发酵过程中80%的细菌，而黑胡椒和白胡椒只能杀死25%的细菌。

其次，这种观点夸大了食物腐败的危害性。的确，肉和鱼会腐败，但那只是例外，而非常规。中世纪的欧洲是农业社会，大部分食品产自当地，肉商往往宰杀完动物便就地卖肉，人们很容易在市场上买到鲜肉，而且比今日城市居民买到的肉新鲜得多。另外，欧洲大部分地区气候凉爽，肉食不容易腐坏，许多野味在烹调之前还特地放一段时间进行陈化。中世纪的人还很重视食品安全问题，市政当局采取了一些措施严惩不良商贩，颈手枷就是用来惩治罪犯的一种刑具。1356年，牛津大学校长拥有对市场的管辖权，有权取缔"任何被发现已腐败、不卫生、有害或因其他原因不适合食用的肉和鱼"。

最后，一些史料也可以证明香料并非用来保存肉食的。在一些流传至今的中世纪食谱中，作者常常建议烹饪时香料应最后放，因为放得太早会使香料的香味流失过多。这充分说明香料的作用是调味，而非保存食物。另一个能证明这个问题的事实是：由于更青睐清淡饮食的法式菜肴越来越流行，因此到17世纪时香料已不再受宠，而冰箱是几百年之后才发明出来的。

由此看来，香料并不用于保存食物或遮掩腐肉的味道。但是，香料可以用来遮盖并改善咸味或其他令人不悦的味道。在中世纪，保存食物的主要方式是盐腌、干燥或烟熏，但这些方法会使食物变得不新鲜，因此，食用时加入香料调味就成为必不可少的步骤。特别是在冬季，由于缺乏饲草，因此在入冬之前会宰杀大部分牲畜，然后将肉腌制，以供冬天食用。这些腌肉咸而不易咀嚼，很难下咽。但是，当时蔬菜被认为是典型的农民食品，水果因被视作性质湿、凉之物而不能生吃。更有甚者，在每个星期五、四旬斋和其他斋戒（合计长达半年）里，即使咸肉也不能吃，食谱上只有鱼。内陆地区出产的鱼并不多，所有外来的鱼都是腌制的。"鲱鱼是盐水泡的，鳕鱼被展平、腌制并干燥，看起来像一条条黄色的皮革。"这些远方海域出产的鱼被去除内脏和头部，可保存10～12年。食用前，必须先用木槌敲打1小时，然后用温水浸泡至少2小时才能进行烹饪。16世纪，葡萄牙植物学家加西亚·多尔塔在其著作中提到生姜时说："在那些吃鱼的日子里，它给我们增加了味道。"这种评论实际上适用于所有东方香料。

### （二）香料在饮食中的用途

在中世纪，西欧的任何一位贵族都有自己最喜爱的香料，厨师则有许多使用香料的绝技。芳香的肉桂嫩枝和丁香花蕾可做成装饰菜；胡椒、丁香、生姜、肉豆蔻皮和沾有丁香的洋葱可用来做浓肉汤；大量芳香药草被用来调制清汤；薄荷、欧芹可为肉汁、沙司和开胃小菜调味；莳萝最初用于给蔬菜调味，后来被用于腌制黄瓜；葛缕子和小茴香可为汤类增色；从肉豆蔻和肉豆蔻皮中提取的油脂可用于制作美味的黄油；桂皮、肉桂、丁香、肉豆蔻、肉豆蔻皮、生姜、茴香、马郁兰、百里香和香薄荷可用于为布丁、水果馅饼、蛋糕和蜜饯调味；迷迭香、肉豆蔻、肉桂、茴香、芜荽、丁香和生姜可用于调制各种饮料、葡萄酒和烈酒。

具体而言，香料在饮食中的应用可分为以下几类：

### 1. 烹制肉食

中世纪时，西欧社会崇尚食用珍禽异兽和肉类。"与世界其他地区相比，西欧是高度肉食性的，英格兰人特别热衷于吃肉"。上流社会饮食的主流是肉和鱼，但不同肉类受欢迎的程度不同。这是因为当时普遍流行一种链条概念，即事物品位的高低是由其相对于天地的距离决定的，飞禽是最尊贵的食物。人们喜欢食用禽类，尤其是孔雀和鹤，鹤亦被认为是最适合贵族吃的鸟类，会使人更加聪慧；其次是家禽中的肉鸡。野味比家养的动物受欢迎，牛肉和猪肉勉强可以接受，但贵族排斥腌猪肉。七鳃鳗是水产中最受欢迎的。有时，对这些肉食只进行简单的烹调，如煮或烤，吃时再加入大量香料。"差不多每样肉、鱼和蔬菜都要加上香料，每顿饭从头至尾都离不开香料。除了因为是必需物质外，还有一个显而易见的原因是使用香料本身可得到愉悦之感"。15世纪，格洛斯特的公爵汉弗莱的礼仪官约翰·罗素的《营养学》中讲到，用香料调味的肉食包括天鹅、孔雀、牛、鹤、野鸡、鹧鸪、画眉、麻雀、苍鹭、海狸、海豹、鳗鱼、梭鱼、鲭鱼、鳊鱼、鳕鱼、鲸鱼、鲦鱼等。《巴黎持家书》介绍了一种烤猪肉的方法：先把处理好的生猪放入水中蒸煮，然后将大量番红花、生姜及一些煮熟的蛋黄、栗子、奶酪和部分猪肉捣碎，作为填料塞入猪腹，再将其放到烤架上烧烤。吃这种烤猪肉时最好用黄胡椒沙司佐餐。时人认为香料可平衡肉食的寒凉性质；吃肉太多会给消化系统增加负担，应该食用香料来刺激肠胃蠕动；甚至在餐桌之外也可随意吃加了香料的糖果，一方面是为了促进消化，另一方面则是为了满足口舌之欲。

## 2. 制作沙司、浓汤、肉冻

香料最重要的用途之一是制作各式各样的沙司，这也许是中世纪西欧饮食中最具特色的东西。沙司是各种食物，特别是肉食的佐餐物，约翰·罗素认为其主要功能是开胃。根据季节变化和个人口味，沙司可分为需要蒸煮和不需要蒸煮两大类。大部分沙司要经过蒸煮，它们往往以一种香料为主，在此基础上添加别的食材，并可依个人爱好调整，花样繁多，颜色各异，有蓝色、白色、黑色、粉红色、黄色、红色和绿色。其中，历史最悠久也最受欢迎的是黑胡椒沙司，黑胡椒是主要成分，需用面包屑和醋来调和，可以辣味为主，也可以酸味为主。《巴黎持家书》给出了黑胡椒沙司的制作方法：将适量丁香、胡椒和生姜研磨好，然后与烤面包屑一起加入肉汤或蔬菜汤中，倒入锅中蒸煮，其间加一些醋，也可放一些肉桂。黄胡椒沙司的做法与此基本相同，区别在于需用生姜和番红花为沙司染色。约翰·罗素也给出了一种胡椒沙司的做法："大蒜或芥末和酸葡萄汁，撒上胡椒粉，这是鳐鱼、鲮鱼、新鲜的鲱鱼、无须鳕鱼、干鳕鱼、黑线鳕和牙鳕最好的调料。"有些沙司是根据所拌佐的肉类取名的，如《巴黎持家书》提到一种名为"公猪尾"的沙司，是用来为猪肉等肉食佐餐的，其制作要用到"天堂的谷物"、生姜、丁香、肉豆蔻、长胡椒、肉桂等香料及葡萄酒、醋等。有一种为鲤鱼佐餐的沙司，做法是将研磨好的番红花、生姜、丁香、长胡椒和肉豆蔻放入烹饪鱼所用的油汁内，加入酸葡萄汁、酒和醋，并用面包屑增稠，然后蒸煮，最后浇在做好的鲤鱼上。还有一种为幼鸭或幼兔佐餐的沙司，配料包括肉桂、生姜、丁香、肉豆蔻、肉豆蔻皮、良姜、酸葡萄汁、酒等。夏季食用的沙司可以不蒸煮，如有一种绿香料沙司，所用香料有生姜、丁香、欧芹、水杨梅、马郁兰，最后以醋调味。在中世纪，欧洲有一种叫骆驼酱的沙司广为流传，因为其颜色是骆驼色的。在图尔内，人们这样制作骆驼酱：将研磨好的生姜、肉桂、番红花、肉豆蔻、白面包屑等加入酒中，加以过滤，最后加入棕糖。

与沙司类似的一种食品是浓肉汤。《巴黎持家书》指出，做沙司和肉冻时应早一些放香料，而做浓汤时则应最后放香料。做浓汤时，研磨好的香料不必过滤，应使之形成糊状物。例如鸡肉汤，应先烹调肉鸡，然后将鸡的肝脏与杏仁一起研磨，并放入油脂中蒸煮，最后放生姜、肉桂、丁香、良姜、长胡椒和醋，还可依此方法烹饪其他类似的肉汤。将这些香料放入布包，与处理好的肉一起烹煮，并用番红花染色。

### 3. 制作香料甜点

香料的作用并不仅限于主餐，它还被广泛用于各种香料甜点。蔗糖不是芳香物，但它是从东方传入欧洲的，销量少且价格贵，在当时被视作一种贵重的香料，主要用于药品和调料。烹饪肉、鱼、家禽、蔬菜等菜肴时，总是把蔗糖与肉桂、生姜、番红花、盐、檀香等调味品并列。当时还无法将蔗糖提纯到现代白砂糖的纯度，因此当时的蔗糖不是很白，而越白的糖越贵，高纯度的蔗糖因其美学价值而被人们视为珍宝。1226年，英王亨利三世要求温彻斯特市长为他购买3磅（约1.36千克）亚历山大糖，这已经是当时从温彻斯特的商人手里一次能得到的最大的量了。正因为如此，加糖的香料或甜点在上流社会的宴会上非常流行，可以展示主人的财富和地位。

有一种餐后食用的甜点，是用糖或蜂蜜调制的干果或水果，如无花果、肉豆蔻，因为水果被认为是性质湿凉之物，需经过调制才能食用。而且，当时对水果进行保鲜"几乎唯一的方法就是将其放到糖汁里蒸煮并加上大量的香料"。1403年，英王亨利四世和纳瓦尔拉的琼的婚宴上出现了"糖梨"，特色菜肴有"糖果李子""玫瑰糖""水果糖"。有一种橘果是把橘子片放入糖汁中浸泡一周左右，然后用开水煮，调以蜂蜜，再加生姜烹煮。现在的果脯和果冻可说是这种习俗的传承；用生姜和其他香料做成的姜饼也流传至今。《巴黎持家书》推荐了一种白色甜食，名为"基督之手"，是用糖和生姜做成的一种质地较软的食品，状如手指；另一种蜜饯是加糖的香料；还有一种甜点是用糖与其他物质混合制成的糖雕，兼具观赏和食用价值。糖雕是把糖和油脂、碎杏仁等坚果及植物胶质混合在一起，制成一种黏土状、可塑的混合物，然后将其雕刻成动物、人物、建筑物、纹饰、徽章、故事场景等，最后经过烘焙使之定型。这种糖雕常作为宴会上一道菜与另一道菜之间的间隔，展示结束后被当作甜品吃掉。13世纪，法国的宫廷宴会上出现了杏仁蛋白糖糊，先用碎杏仁、橘花水、蛋黄、蔗糖和黄油混合成糖糊，再做成刺猬的形象，"最后在它身上插满白杏仁果，让它神气活现得就像只浑身竖刺的真刺猬一样"；也可以将一只填满肉的羊胃做成刺猬，并染成不同颜色。1414年，在索尔兹伯里主教约翰·钱德勒的就职宴会上，每一道菜均以糖雕结束，糖雕的形象有黑羊、狮子和雄鹰。糖雕发展到后来越发精致，并被赋予了特殊的政治意义。

### 4. 调制香料酒

欧洲的地中海沿岸地区是世界上用香料酿造烈酒的中心。在中世纪的欧洲，在酒中加香料和糖的做法非常流行。"当时的葡萄酒如果不佐以他物而直接喝会非常苦；再有，酒桶的密封性不好，酒很容易变质；开封后若不尽快喝完也很容易变酸；而窖藏时间过短的酒会很酸，口感不好……窖藏一年的绿葡萄酒酸得像矛刺，如刀割"。而香料恰恰可以解决这些问题：消除未酿熟的酒的苦味，减轻"变质"酒的腐味，改善葡萄酒的口感，使酸味易于接受。除此之外，人们普遍认为加了香料的酒对健康有益。"香料和药草的好处是改变并改善了酒，使之有一种特别的优点，既好喝又有医疗作用……香料使酒得以保存，否则酒会很快变质"。香料酒有诸多益处，因而当时非常流行。

在整个中世纪，香料酒的制作方法大体上相同：将几种香料混合在一起进行研磨，然后加入红酒或白酒中，再加糖或蜂蜜，最后用一个名为"希波克拉底之蹄"的袋子或纱布过滤，这种香料酒因此而得名希波克拉斯酒。约翰·罗素称制作这种昂贵的酒要用4种价格不菲的香料：生姜、肉桂、天堂辣椒和白糖，并用染色豆来调节酒的颜色。比较贫穷的人将其原料调整为生姜、桂皮、长胡椒和蜂蜜。这个食谱不仅给出了制作希波克拉斯酒的原料，也展示了中世纪欧洲各种香料的价格：白糖、肉桂、天堂辣椒贵，而桂皮、长胡椒、蜂蜜便宜。生姜也很贵，但不能不用；染色豆会把酒染成蓝紫色，珍贵的希波克拉斯酒不仅要尝起来味正，还要看上去色正。《巴黎持家书》推荐了一种制作希波克拉斯酒的方法，所用的香料更多：块糖、肉桂、白姜、丁香、小豆蔻、肉豆蔻皮、良姜、肉豆蔻、甘松，将它们研磨成粉，加入酒中，适当加热使之溶解，最后过滤。

麦芽酒是一种酒精度较高的啤酒，容易制作，价格便宜，是一种更加大众化的饮品，在北欧尤其流行。但是，麦芽酒和葡萄酒一样，保质期也很短，最佳饮用期限只有7天左右。麦芽酒过了最佳饮用期限就会变质，带有一股"陈腐味"或"烟熏味"，非常难喝，甚至会对人体造成伤害。布卢瓦的彼得称麦芽酒为"地狱的饮料"，于是人们也向麦芽酒中加香料，主要是肉豆蔻。肉豆蔻之于麦芽酒，正如丁香和桂皮之于葡萄酒。向麦芽酒中加香料本是为了防腐，后来却逐渐演化成了一种味觉上的喜好，甚至是一种美食。正如乔叟所说："不管它（麦芽酒）新鲜还是陈腐都加香料。"西欧人饮用香料酒的习惯一直延续到近代，香料在饮食领域的作用得到了最长久的体现。

### 5. 用作调味品

除上述用途外，香料有时也被当作调味品单独使用。在一些特别讲究的宴会上，最先上桌的是香料，为突出其价值，香料总是以金银器皿或描丝装饰的器皿盛放。雅致的香料盛放在昂贵的金银碟子中送上宴席，这些碟子做工精美，上面镶嵌着盾形徽章和珠宝，是餐桌上最昂贵、最精致的餐具之一。碟子分许多小格，每格放一种特定的香料，客人可随意取用，根据喜好往已经加了调味品的菜里加香料，或用香料碟子吃奶酪或甜点。宴会上通常用金银制成的船形碟子盛放香料、盐罐、勺子、餐巾、试毒角（犀牛或独角鲸的角）。一幅作于 1378 年的手稿插图描绘了法王查理五世为神圣罗马帝国皇帝查理四世及其子举行的宴会。国王与客人坐在高台上，面前是船形的盐碟和香料碟。

总之，香料为中世纪的饮食增色不少。中世纪早期，在香料尚未占据重要地位之前，欧洲的饮食单调而乏味，而香料使之变得高雅精致、口味丰富，色香味俱全。

## 二、保健和药用

如果不了解香料的药用价值，就无法理解欧洲人为何热衷于食用香料。在中世纪，饮食与保健、香料与药物是不可分的。由于教会严禁尸体解剖，医师无法获取关于人体的资讯，也无法对疾病或人体进行实验或进行第一手观察。因此，体液理论成为医学圣经，食物就是医药，烹调术就是营养学，烹饪知识更像是一门医药科学而不是一种艺术。把饮食与健康联系在一起的做法有助于理解中世纪欧洲人对香料的嗜好，在他们看来，香料和药其实是同一类东西。并非所有的药都是香料，但所有的香料都是药。拉丁文中的"香料"（*pigmenta*）实际上与药是同义词。笔者以为，在中世纪，西欧社会中香料用作药品的理念和实践与中医有异曲同工之妙，体现了不同文化之间的相互影响和不同人群对同一事物的共同认知。

## （一）体液理论与香料的保健作用

源自古希腊的体液理论是中世纪欧洲占统治地位的医学体系。这一理论可追溯至希波克拉底、盖伦、阿维森纳等人。11世纪的基督教修士把上述大家的著作译成了拉丁文，并创立了萨莱诺医学校，从而使体液理论在西欧广为传播。该理论认为，人的健康和气质由4种体液决定：血液、黏液、黄胆汁和黑胆汁。体液与构成世界的基本物质——地、水、火和风相联系，这4种物质又与世间万物最基本的性质——温暖和湿润的程度相关。因此，体液也具有了这些性质：血液温暖而湿润，与风相联系；黄胆汁温暖而干，与火相联系；黏液冷而湿，类似于水；黑胆汁冷而干，与土相联系。每个人都属于某一体液性质或某几种体液的混合体，因而具有某种特殊气质。保健和治疗的基本原则是保持体液之间的平衡，体液失衡是疾病的主要原因。此外，各种食物也具有冷、热、干、湿的基本性质，如猪肉和鱼肉冷而湿，牛肉冷而干，猎物比家禽暖且干，等等。香料也具有冷、热、干、湿的性质，而且可按程度分为4个等级，4级最高。例如，胡椒的热度为4级，干度为2级；肉豆蔻和肉豆蔻皮的热度和干度均为2级；生姜热度为3级，湿度为2级。

按照这一理论，防治疾病的关键是调整饮食和生活方式，所有药物的作用都是恢复人体的体液平衡，从而实现身体的康复。所有偏离温和适中性质的食物都有致病的风险，香料起到了维护食物性质平衡和健康平衡的作用。大部分香料的性质热而干，因此在平衡多种肉和鱼的寒凉性质方面效果显著。阿维森纳把香料用作抵抗抑郁症、促进健康的热性药物，而他的医学著作直到17世纪仍是欧洲医校的教材。14世纪，米兰医生马伊诺·德·马伊内里认为香料沙司可调整性质"不平衡"的食物，其著作《中世纪沙司典》开篇就是一个有关肉类的冷热干湿性质的图表，可据此判断各种肉类的热、寒、干、湿性质，并配以适当的沙司。鱼和各种海产性寒湿，其中七鳃鳗还有毒。因此，烹调七鳃鳗时必须用性热而干的酒将其浸泡至死，然后晾干，用加酒的水煮两次再烤制（在面团中烤或在其嘴里放肉豆蔻，在颈部绕丁香），或在花色肉冻中烹制，最后用强效的香料，如黑胡椒沙司调制。又如，脑与舌是冷而湿的，因此必须以热而干的香料，如胡椒、生姜与肉桂加以中和。当然，食物的性质必须与个人的体液性质互补才有益健康。如果食用者感觉香料的性质对其本身而言太热，可以加酸葡萄汁等物质加以中和。这是崇尚肉食的中世纪人特别热衷于食用香料的主要原因，也可以解释为何这么多中世纪食谱所煮出来的食物辛辣而酸甜。

在用香料医治疾病时最常提到的是胃。人们认为，胃最易受冷气和湿气的影响，而且胃就像一口锅，通过肝加热，为了使其能正常工作，就需要食用可为其加温的食物。另外，中世纪关于消化的观念与现在大为不同，胃肠的平静和停滞是最大的忧虑，因为会影响消化；而香料能刺激肠胃蠕动，大有裨益，因此香料常被用作促消化剂。马泰乌斯·普拉泰阿里乌斯的《单味药书》记载，肉桂可以解决消化问题，如胃和肝的功能差导致的食欲不佳；可以清新口气，加入酒中烹煮可预防龋齿；肉豆蔻可以解决胃部不适问题，特别是与酒和希腊乳香一起烹煮时疗效更为显著。在一位被诊断为胃寒湿的教皇的家中，人们发现账簿上有消费高达 32 磅香料的记录，这显然是因为香料被用来医治他的胃病。《巴黎持家书》推荐了一种适合患者饮用的热饮料，制作该饮料的食材包括生姜、长胡椒、天堂辣椒、丁香、蜂蜜和啤酒。

香料还是当时最重要、最有效的催情剂。这一观念不仅是传言，也有着坚实的医学基础。在当时的西欧人看来，情欲功能障碍是由体液失衡引起的，通常表现为体液过冷，因此，性热的香料就是非常有效的催情药物。不过，热性物质或许可以增强性欲，却不一定能提高生殖能力，因为只有性湿的物质才有助于精子的产生。因此，温暖、湿润的物质是最理想的提高生育能力的药物，某些香料恰恰同时具备这些特性。其次，香料具有芳香、神秘、昂贵等特性，这也是它作为催情剂备受青睐的原因之一。

康斯坦丁所著的《论交媾》据说是中世纪最早的性学手册，其中列出了18种提高性欲和治疗性功能障碍的药方，大部分是药糖剂。在所有东方香料中，只有生姜同时具备了热和湿两种性质，因而被认为是最重要的催情药；此外，还有丁香、胡椒、鹰嘴豆、芝麻菜等。

此外，香料也被用作抗毒剂。古代的统治者总担心被人下毒，人们普遍认为毒药通过使机体冷至极点而致死，因此，性热的香料被认为是最有效的抗毒剂。罗马御医盖伦每天都给马可·奥勒留皇帝开一副肉桂和其他受推崇的"抗毒剂"。中世纪最著名的复合解毒剂来自蒙彼利埃，药的成分不少于83种，大部分是进口芳香物；而且每年都举行一个仪式，公开展示药物成分并现场进行调制，以使公众确信其药物货真价实。直到近代早期，关于药草和植物的文献仍对香料的抗毒作用深信不疑。例如，有人认为产生于鹿胃的牛黄石是有效的抗毒剂，因为这种鹿吃蛇，然后进入池塘，直到蛇的毒液通过其眼睛完全排出。牛黄石存在于鹿的胃或肠道中，而鹿仍健在，这证明了牛黄石具有解毒功能。不仅如此，古代的统治者们都希望自己延年益寿，长生不老，常使用各种香料炼制丹药。维兰诺瓦的阿尔诺用葡萄干、甘草、蔗糖、柠檬、肉桂、丁香、肉豆蔻、高良姜、八角茴香和椰子炼制丹药。但丹药中最典型、最主要的成分是沉香木。

### （二）预防疾病和瘟疫

气味、气息在中世纪医学思想中占有重要地位。由于无法解释疾病，特别是瘟疫爆发的原因，因此医生只能将其归因于腐朽的气味。但丁写道，瘟疫在爱琴海上肆虐，"空气中充满着腐气"。1315年，巴伦西亚的一位医生写信给他在图卢兹的儿子，说腐气比腐败的食物和饮料的毒害和传染性更大。如果说有害气体能带来疾病，那么芳香气味就具有防护和医疗作用。人们认为，熏香可净化空气、化湿去浊，从而可以预防各种传染病。因此，舒适的住所不仅应该洁净，还应该充满香气。8世纪初的欧洲文献记载，长期以来人们一直用丁香、胡椒和桂皮防治瘟疫。而且，时人认为，香料热而干的性质有助于通过皮肤排出致病的有害物质，因此常常通过增加衣物或食用香料等达到排汗目的。直到18世纪，排汗疗法和放血、催吐等疗法都一直非常流行。

中世纪，欧洲的瘟疫以"黑死病"（即鼠疫）最为严峻。1348年黑死病爆发时，最受称道的防疫手段是香盒，即把一块琥珀或龙涎香加上混合香料封在小金属盒中制成，随身携带，可抵御瘟疫。巴黎大学医学系推荐人们随身携带香盒，内装香料的成分可依处方、便利和经济条件决定，他们推荐的"家庭配方"是安息香、没药、沉香木、龙涎香、肉豆蔻皮和檀香。但根据巴黎医生的建议，最高当权者法国国王和王后佩戴的香盒应只用龙涎香，而且量要大。人们接近生病的邻居时要随身佩戴香盒，还可以在室内熏香。加泰罗尼亚医生雅克米·德·阿格拉蒙特建议阿拉贡国王燃烧香丸以抵抗瘟疫。这种专为重要人物设计的香丸的成分包括龙涎香、沉香木、没药、乳香、安息香、干玫瑰花瓣和檀香。龙涎香的香气能驱散引发瘟疫的污浊的瘴气。埃森登的约翰声称，当牛津狭窄的街道遍布死尸时，他是靠用桂皮、沉香木、没药、番红花、肉豆蔻皮和丁香研磨的粉末活下来的。

不过，能够使用香料预防瘟疫的多为贵族和富人。当瘟疫肆虐时，他们以昂贵的香料预防瘟疫，并展示其社会地位。即使没有瘟疫流行，伊丽莎白一世在公共场合也常常戴着用玫瑰露、蜜糖和香料熏过的手套，并佩戴着装有昂贵香料的香盒。没钱买香料的人则只能另寻他策：有人在疾病传染的住宅区的地下埋入大蒜，意在吸除毒气；有人在室内焚烧鼠尾草等当地园林植物；有人焚烧旧鞋，或将旧袜子挂在鼻子底下，或将自己悬于污水坑上，让臭气把自己包围起来，因为人们认为一定浓度的臭味也可以驱除瘴气。

## （三）用作药品

在中世纪欧洲人的观念中，几乎没有什么病是香料不能治的。根据中世纪一些医药手册的记载，香料作为药材应用的范围非常广泛。马泰乌斯·普拉泰阿里乌斯的《单味药书》认为，用作食品的香料都有药用价值。例如，肉豆蔻与莳萝、茴香、酒混合后可以治疗胃肠胀气和胀痛，黑胡椒可以治疗哮喘，研磨成粉末可以缓解疼痛。5世纪所编的《叙利亚药典》列出了香料的各种医药用途，仅胡椒就可治疗名目繁多的疾病：倒入耳中可治耳痛和麻痹；外用可治疗关节痛和排泄器官疾病；可治嘴和咽喉肿痛、一般牙病、口痛、牙痛、坏疽、失声、咳痰、肺部疾病等；还可治胸部疼痛、失眠、胃弱、便秘、虫咬伤、消化不良、胃冷、寒战、寄生虫、胀气、痢疾、水肿等。7世纪的坎特伯雷大主教、塔尔苏斯的狄奥多尔认为，胡椒拌以野兔的胆囊可缓解痢疾症状。在9世纪的一本修道院的药物簿上，胡椒是建议使用的药中出现最频繁的。人们认为，头部和胃部特别易受湿冷侵袭，可用胡椒和桂皮治疗癫痫、痛风、精神病、风湿病和头晕。此外，龙涎香也被认为可治疗癫痫，而且有助于妇女生产。香料还常常被用来治疗眼病，将白屈菜、蜂蜜、胡椒、白酒合成的药膏涂于眼内可治疗眼病，帮助眼睛将有害液体排出。总之，香料在医学上的应用是使香料贸易能在中世纪早期一直存续下来的最重要的原因。

托马斯·孟认为，自古以来，有许多国家的人民渴望得到香料，香料不只受到人们的喜欢，"而是人们保持身体健康、医治疾病所必需的"。但是，与饮食领域一样，能够使用进口香料进行治疗的人大多为贵族，平民使用的是本地药草。医生会根据患者的身份开药方，一首11世纪的拉丁诗歌道破了医师中流行的潜规则："对于仅以言语致谢者，我们用山间草药；对于带来真金白银者，我们开芳香药物。"而且，这也是富人希望的："如果有价格10倍于鼠尾草的龙血，为什么要开鼠尾草呢？"穷人的万能药是大蒜，偶尔也用胡椒。不过，具有讽刺意味的是，在药效方面，便宜的本地药草有时并不比外来香料差。1147 年，维巴尔谈到一种抗感冒的混合药剂，其成分都很普通：欧芹、假荆芥、独活草、芹菜、薄荷油、野生百里香、茴香。但是，它的药效和另一种昂贵的香料药剂相当，该药剂的成分包括珍珠粉、丁香、肉桂、高良姜、沉香木、肉豆蔻、生姜、象牙和樟脑。如此看来，香料只是贵族的必需品，这恰恰说明了香料对整个西欧社会而言是一种奢侈品。

# 第六章　丝绸之路的香料流通

"丝绸之路"，也称"丝路"，陆上丝路是古代连结亚欧大陆，东起长安、西至罗马的贸易通道，全长约 7000 千米，是古代世界最长的商路。除陆路外，我国对外交通路线还有"海上丝路"。海上丝路是古代沟通亚、欧、非三洲之间贸易和文化往来的主要海上通道，也称"海上陶瓷之路"和"海上香料之路"。

丝绸之路虽以丝绸贸易而得名，但经丝绸之路运输的货物却远远不止丝织品，还有漆器、瓷器、铁器、茶叶等；而由此路东传的物品有西方的玻璃、宝石、葡萄、石榴、胡桃、芝麻、胡瓜（黄瓜）、大蒜、胡萝卜等，以及大宛马、无花果等。中国古代四大发明（火药、指南针、造纸术和活版印刷术）也经由陆上、海上丝绸之路传到了西方；而西方的文学、艺术等也相继传到中国。丝绸之路犹如一条绚丽而坚韧的丝绸纽带，把人类古老文明联结起来，沟通了人类的智慧和创造力，促进了古代东西方经济、文化和技术的交流，加强了各国人民之间的友谊和往来，对人类社会的进步和发展起到了巨大的历史作用。

公元 9 世纪，威尼斯商人在君士坦丁堡购买东南亚诸岛所产的丁香、肉桂、豆蔻、胡椒等香料，转销欧洲，获得了丰厚的利润。15 世纪，欧洲人发现海上新航路后，葡萄牙人、荷兰人先后侵入香料产地，通过不等价交换和直接掠夺，将大批香料运入欧洲市场，获取惊人的利润。

# 第一节 丝绸之路的起点与路线

陆上路线东端起自我国渭水流域，向西通过河西走廊，或经今新疆境内塔里木河北面的通道，在疏勒（今喀什市）以西越过葱岭（今帕米尔高原），经大宛（今费尔干纳盆地）和康居（今撒马尔罕附近）西行；或经塔里木河南面通道，在莎车（今喀什地区）以西越过葱岭，再经大月氏（今阿姆河上、中游）西行。以上两条西行路线会于木鹿城（今马雷），然后西经和椟城（今里海东南达姆甘附近）、阿蛮（今哈马丹）、斯宾（今巴格达东南）等地，到达地中海东岸，转达古罗马各地。其支线亦有取道天山北面的通道及伊犁河流域西行者。这条古代东西交通大道是我国汉代张骞出使西域后形成的。约自公元前 2 世纪后的千余年间，大量的中国丝和丝织品经此路西运，故称"丝绸之路"。

海上航线，或自中国南部泉州、广州、杭州、扬州等港口直接西航；或经由滇、缅通道，再自缅甸南部利用海道西运；或经由中亚转印度半岛各港再由海道西运。其中最重要的是自泉州经东南亚、西亚到达非洲埃及、肯尼亚等国的海上航路，被称为"海上丝绸之路"。我国明代著名航海家郑和曾经率船队七下西洋，为东西方经济、文化交流做出了重大贡献。

## 一、陆上丝绸之路

陆上丝绸之路起源于西汉（前 202—8 年），汉武帝派遣张骞出使西域，开辟了以首都长安（今西安）为起点，经甘肃、新疆，到中亚、西亚，并连接地中海各国的陆上通道。它的最初作用是运输中国古代出产的丝绸。1907 年，德国地质地理学家李希霍芬在其著作《李希霍芬中国旅行日记》一书中，把"从公元前 114 年至公元 127 年间，中国与中亚、中国与印度间以丝绸贸易为媒介的这条西域交通道路"命名为"丝绸之路"，这一名词很快被学术界和大众所接受，并正式运用。其后，德国历史学家赫尔曼在 20 世纪初出版的《中国与叙利亚之间的古代丝绸之路》一书中，根据新发现的文物考古资料，进一步把丝绸之路延伸到地中海西岸和小亚细亚，确定了丝绸之路的基本内涵，即它是中国古代经过中亚通往南亚、西亚以及欧洲、北非的陆上贸易交往的通道。

传统的丝绸之路，起自中国古代都城长安，经阿富汗、伊朗、伊拉克、叙利亚等而达地中海，以罗马为终点，全长 6440 千米。这条路被认为是连结亚欧大陆的古代东西方文明的交汇之路，而丝绸则是其上最具代表性的货物。数千年来，游牧民族或部落、商人、教徒、外交家、士兵和学术考察者沿着丝绸之路四处活动。

随着时代发展，丝绸之路成为古代中国与西方所有政治经济文化往来通道的统称。有西汉张骞连通西域的官方通道"西北丝绸之路"；有北向蒙古高原，再西行天山北麓进入中亚的"草原丝绸之路"；有长安到成都再到印度的山道崎岖的"西南丝绸之路"；还有从广州、泉州、杭州、扬州等沿海城市出发，从南洋到阿拉伯海，甚至远达非洲东海岸的海上贸易的"海上丝绸之路"等。

先秦时期，连接中国东西方交流的通道已经存在。丝绸正式西传始于西汉通西域，丝绸之路真正形成始于西汉张骞出使西域。这个时期，丝绸的传播源、传播的目的地、传播的路线都非常清楚，有史可依，有据可查，传播的数量也十分庞大。东西方开始有计划，甚至是有组织地进行丝绸贸易，所以丝绸之路真正开辟于西汉武帝时期。

## （一）西汉时期

西汉时，阳关和玉门关以西即今新疆乃至更远的地方，称作西域。西汉初期，联络东西方的通道被匈奴所阻。汉武帝时，中原始与西域相通，开始加强与西域的往来。西域本有三十六国，后来分裂至五十多个，都位于匈奴之西、乌孙之南。

汉武帝听说被匈奴侵犯而西迁的大月氏有报复匈奴之意，便欲派人出使大月氏，与其东西夹攻匈奴。陕西汉中人张骞以郎应募。建元二年（前139年），张骞率领100余人向西域进发，途中被匈奴俘获，滞留了10年，终于寻机逃脱，西行数十日到达大宛。此时大月氏已不想攻打匈奴而继续西迁，张骞没有达到目的，在西域待了一年多后东返，途中又被匈奴扣留了一年多。后适逢匈奴单于死，国内大乱，元朔三年（前126年），张骞趁机回到大汉，受到汉武帝的热情接待，被封为太中大夫。张骞此次西行前后达十余年，虽未达到目的，但获得了有关西域的大量资料，史学家司马迁称张骞此行为"凿空"。

后来，汉军击败匈奴，取得了河西走廊地区，打通了西汉与西域之间的通道。霍去病在祁连山大破匈奴后，张骞建议联络西域强国乌孙，以断匈奴右臂。元狩四年（前119年），张骞再次出使西域，目的是招引乌孙回河西故地，并与西域各国联系。但张骞抵达乌孙后未达目的，于元鼎二年（前115年）偕同乌孙使者返抵长安，被张骞派往西域其他国家的副使也陆续回国。乌孙使者见大汉国富民强，回国上报后乌孙渐渐与大汉交往密切。其后数年，张骞通使大夏。从此，西汉与西北诸国开始频繁联系。张骞"凿空"西域，丝绸之路正式开通，汉武帝以军功封其为博望侯。

但是，西域诸国仍未完全摆脱匈奴的控制，楼兰、车师等国在匈奴的策动下经常劫掠西汉派往西域的使臣和商队。为了确保西域通道的安全与稳定，元封三年（前108年），汉将王恢率骑兵击破楼兰，赵破奴率军击破车师。元封六年（前105年），西汉又与乌孙王和亲，联合挟制匈奴。同时，为了打破匈奴对大宛的控制并取得大宛的优秀马种汗血马，汉武帝派李广利领兵数次进攻大宛（今费尔干纳盆地），在付出沉重代价后攻破了大宛都城，使西汉在西域的声威大振，确保了西域通道的安全。通往西域的"丝绸之路"至此畅通。

太初四年（前101年），汉武帝在轮台（今轮台县东南）和渠犁（今库尔勒市西南）设立了使者校尉，管理西域的屯田事务。这是西汉政府在西域第一次设置官吏。此后，西汉政府就在西域建立了根据地。

汉宣帝神爵二年（前 60 年），匈奴日逐王先贤掸率众投降，西汉政府取得了对匈奴战争的最终胜利，设置了西域都护府，这是中央王朝在葱岭以东，今巴尔喀什湖以南广大地区正式设置行政机构的开端。从此，今新疆地区开始隶属中央管辖，成为中国不可分割的一部分。西汉政府在西域设置常驻官员，派士卒屯田，设校尉统领保护，使汉族同新疆少数民族交往更加密切。以汉朝在西域设立西域都护府为标志，丝绸之路这条东西交流之路开始进入繁荣时代。佛教传入中国也始于丝绸之路。汉哀帝元寿元年（前 2 年），西域大月氏使臣伊存来朝，在帝都长安向景卢口授《浮屠经》，佛教正式开始传入中国，史称这一佛教初传历史标志为"伊存授经"。新朝天凤三年（16 年），西域诸国断绝了与新莽政权的联系，丝绸之路中断。

## （二）东汉时期

永平十六年（73 年），班超随从大将军窦固出击北匈奴，并奉命出使西域。他率吏士 36 人首先到了鄯善，以"不入虎穴，焉得虎子"的决心使鄯善震服。之后，他又说服于阗归附中央政府。班超重新打通了隔绝 58 年的丝绸之路，并帮助西域各国摆脱了匈奴的控制，被东汉任命为西域都护。班超在西域经营 30 年，加强了西域与东汉的联系。

永元三年（91 年），北道的龟兹、姑墨、温宿皆归附东汉，班超设西域都护府于龟兹它乾城，亲自坐镇北道；又命西域长史徐干屯兵疏勒，与北道相呼应。永元六年（94 年），班超发兵 7 万余人，讨伐对抗中央的焉耆等国，西域 50 余国皆归属中央政府。永元九年（97 年），班超派副使甘英出使大秦国（罗马帝国），一直到达条支海（今波斯湾），临大海欲渡，由于安息海商的婉言阻拦而未能实现，但这是首次将丝绸之路从亚洲延伸到欧洲，再次打通已经衰落的丝绸之路。

大秦属下的蒙奇兜勒（一说今马其顿）地区遣使到东汉首都洛阳，向汉和帝进献礼物。汉和帝厚待使者，赐予紫绶金印。延熹九年（166 年），古罗马大秦王安敦派使者至东汉洛阳朝见汉桓帝。

### （三）魏晋时期

魏晋南北朝时期，丝绸之路不断发展，主要有西北丝绸之路（又叫绿洲丝绸之路或沙漠丝绸之路）、西南丝绸之路和海上丝绸之路三条，具有由两汉过渡到隋唐、海上丝绸之路进一步发展、南北两政权同时与西域频繁交往三方面的特点。

北魏文成帝太安元年（455年），在直接交往断绝了很长一段时间后，波斯与统一了中国北方的北魏王朝建立了直接的联系。从这时起到正光三年（522年），《魏书·本纪》记载了十个波斯使团，前五个到达北魏都城平城（今山西大同），为中国带来了玻璃制品工艺，后五个到达迁都后的洛阳。神龟元年（518年），宋云与比丘惠生由洛阳出发，沿丝绸之路西行出使西域，拜取佛经。正光三年，宋云、惠生等由天竺回到洛阳，取回大乘经典170部，丰富了中国的佛教文化。

波斯的使者也顺着丝绸之路深入南朝。梁中大通二年（530年），波斯国遣使献佛牙；五年（533年）八月，遣使献方物；大同元年（535年）四月又献方物。波斯之通使南朝，走的是西域经吐谷浑境而南下益州（今川渝黔滇一带）再顺长江而下到建康（今南京）的道路。这一时期，中西之间的交流主要体现在政治、经济、文化三方面。这种交流，在政治上，促进了东西方之间的联系与交流；在经济上，促进了双方之间经济贸易、生产技术的交流；在文化上，促进了中国佛教的兴盛和礼乐文化的发展。

### （四）隋唐时期

隋代开皇九年（589年），隋王朝结束南北分裂，而新兴突厥汗国占领了西域至里海间的广大地区，今青海境吐谷浑也向河西走廊侵扰，中土和西域，包括官方、民间的交往受到了不少阻碍。但隋与丝绸之路各国民族之间的关系仍愈来愈密切，西域商人多至张掖互市，炀帝曾派裴矩专管这方面工作。裴矩用厚礼吸引他们到内地，使其往来相继。《隋书·西域传》记载，侍御史韦节、司隶从事杜行满使于西蕃诸国，至罽宾（今塔什干附近），得玛瑙杯，至王舍城，得佛经，至史国，得歌舞教练、狮子皮、火鼠毛。官、民的交往又活跃了起来。

丝绸之路交往的繁荣鼎盛时期，是继隋而建立的强大的唐朝。唐朝第二位皇帝唐太宗李世民击败了东突厥吐谷浑，使漠南北臣服。唐高宗李治又灭西突厥，设安西、北庭两都护府。大唐帝国疆域辽阔，东起朝鲜海滨，西至达昌水（阿姆河，一说底格里斯河），是当时世界上最发达强盛的国家，经济、文化发展水平都居世界前列。东西方通过丝绸之路，以大食帝国为桥梁，官方、民间都开展了全面友好的交往。

在丝绸之路东段，大漠南北与西域各国修了很多支线通向丝绸之路，亦称"参天可汗道"（"天可汗"指唐太宗）。大食、东罗马帝国也不断派使节到长安与中国沟通。敦煌、阳关、玉门这些地方，成了当时"陆地上的海市"。在海道上，中国也可以船舶赴林邑（今越南南部）、真腊（今柬埔寨境内）、阇婆（也叫"诃陵"，大约位于今印度尼西亚爪哇岛或苏门答腊岛）、骠国（今缅甸境内），经天竺（今印度境内）直至阿拉伯帝国，与欧洲各国进行交流和贸易。当时的广州、泉州、刘家港（今上海吴淞口近处）等地，成了最著名的对外港口。据史书记载，广州当时便有南海舶、昆仑舶、狮子国舶、婆罗门舶、西域舶、波斯舶等趸船性的船坞。西方各国在陆上取道中亚、西域，沿途驼马商旅不断；海路则多由大食首都巴格达出波斯湾，几乎每日都有船只远涉重洋来到东方。

唐代丝绸之路的畅通繁荣，也进一步促进了东西方思想文化的交流，对以后的社会和民族意识形态发展产生了很多积极、深远的影响。

佛教自西汉哀帝时期传入中国后，于南北朝开始大行于中国，至隋唐时达到鼎盛。唐太宗时，高僧玄奘由丝绸之路经中亚往印度取经、讲学，历时十六年，所著《大唐西域记》一书记载了当时印度各国的政治、社会、风土人情，至今仍为印度学者研究印度中世纪历史的头等重要资料。他取回佛教经典 657 部，唐高宗特在长安建大雁塔供其藏经、译经。稍后，高僧义净又由海道去往印度，又历时十六年，取回佛经 400 部，所著《南海寄归内法传》《大唐西域求法高僧传》向国人介绍了当时南亚各国的文化、生活情况。

在唐代，东西方相互引进的东西很多，如医术、舞蹈、武学和一些动植物，双方均获益良多。汉代将西方输入的东西冠以"胡"字，如胡琴、胡瓜、胡萝卜；唐代则冠以"海"字，如海棠、海石榴、海珠（波斯湾珍珠）。据《唐会典》记载，唐王朝曾与300多个国家和地区通使交往，每年取道丝绸之路前来长安这个世界最大都市的各国客人，数目皆以万计，定居中国的，单广州便以千计。唐代丝绸之路的畅通繁荣，也促进了东西方思想文化的交流，对以后相互的社会和民族意识形态发展产生了很多积极、深远的影响。安史之乱后，唐朝开始衰落，丝绸、瓷器的产量不断下降，商人唯求自保而不愿远行，丝绸之路也逐步走向低谷。

### （五）宋元时期

北宋政府未能控制河西走廊，到了南宋时期，更无法涉足西北地区，丝绸之路衰落日益明显；而海上丝路崛起，逐渐有取代陆上丝绸之路的迹象。蒙古帝国发动了三次西征及南征，版图大大扩展，加上驿路的设立、欧亚交通网络的恢复，欧亚广大地域范围内国际商队长途贩运活动再度兴盛起来。

据史料记载，当时在漫长的东西方陆路商道上从事商队贩运贸易的，有欧洲商人，有西亚、中亚地区的商人以及中国色目商人等。欧洲和中、西亚商人一般会携带大量金银、珠宝、药物、奇禽异兽、香料、竹布等商品来中国或在沿途出售，他们所购买的主要是中国的缎匹、绣彩、金锦、丝绸、茶叶、瓷器、药材等商品。元代来中国的外国商人、商队为数之众，在外国史料中多有印证。《马可·波罗游记》中写道：元大都外城常有"无数商人""大量商人"来往不息，"建有许多旅馆和招待骆驼商队的大客栈……旅客按不同的人种，分别下榻在指定的彼此隔离的旅馆"。不同人种，无疑为外国客商。《通商指南》也指出："……汗八里都城商务最盛。各国商贾辐辏于此，百货云集。"

在元代，丝路畅通，欧亚大陆各种层次的经济交流兴旺之际，作为东西方国际贸易枢纽或与国际贸易有密切关系的地区性、民族性商品市场和物资集散地的一批贸易中心相应形成和发展。元代中外史籍几乎都记载了元大都作为东方国际贸易中心的无可争议的地位。这里"各国商贾辐辏，百货云集"。《马可·波罗游记》曾以一章的篇幅介绍元大都国际贸易的盛况："凡世界上最为珍奇宝贵的东西，都能在这座城市找到……这里出售的商品数量，比其他任何地方都多。"元朝丝路上重要的商镇还有可失哈耳（喀什噶尔），这里的纺织品"由国内的商人运销世界各地"。河西走廊的肃州，这里附近"山上出产的一种质量非常好的大黄。别处的商人都来这里采购，然后行销世界各地"。另外，还有别失八里、哈喇火州等。元代丝绸之路的交往目的发生了明显变化，大多以文化交流为使命，而不再以商人为主导，从侧面也反映了丝绸之路的衰落。

### （六）明清时期

明代中期以后，政府采取了闭关锁国的政策，与此同时，造船技术和航海技术不断发展，海上交通代之而起，陆上丝绸之路贸易全面走向衰落。

## 二、海上丝绸之路

海上丝绸之路，是古代中国与外国交通贸易和文化交往的海上通道，也称"海上陶瓷之路"和"海上香料之路"，1913年由法国的东方学家沙畹首次提及。海上丝路萌芽于商周，发展于春秋战国，形成于秦汉，兴于唐宋，转变于明清，是已知的最为古老的海上航线。中国海上丝路分为东海航线和南海航线两条路线，且以南海为中心。

南海航线，又称南海丝绸之路，起点是广州和泉州。先秦时期，岭南先民在南海乃至南太平洋沿岸及其岛屿开辟了以陶瓷为纽带的交易圈。唐代的"广州通海夷道"是中国海上丝绸之路的最早叫法，是当时世界上最长的远洋航线。明朝时郑和下西洋更标志着海上丝路发展到了极盛。南海丝路从中国经中南半岛和南海诸国，穿过印度洋，进入红海，抵达东非和欧洲，途经100多个国家和地区，成为中国与外国贸易往来和文化交流的海上大通道，并推动了沿线各国的共同发展。

东海航线，也叫"东方海上丝路"。春秋战国时期，齐国在胶东半岛开辟了"循海岸水行"直通辽东半岛、朝鲜半岛、日本列岛直至东南亚的黄金通道。唐代，山东半岛和江浙沿海的海上贸易逐渐兴起。宋代，宁波成为海上贸易的主要港口。中国境内海上丝绸之路主要有广州、泉州、宁波三个主港和其他支线港组成。2017年4月20日，国家文物局正式确定广州为海上丝绸之路申遗牵头城市，联合南京、宁波、江门、阳江、北海、福州、漳州、莆田、丽水等城市进行海上丝绸之路保护和申遗工作。

海上丝绸之路雏形在秦汉时期便已存在，已知的有关中外海路交流的最早史载来自《汉书·地理志》。当时中国就与南海诸国有所接触，而有遗迹实物出土表明中外交流可能更早于汉代。在唐朝中期以前，中国对外主通道是陆上丝绸之路，之后由于战乱及经济重心转移等，海上丝绸之路取代陆路成为中外贸易交流主通道。唐代，中国东南沿海有一条叫作"广州通海夷道"的海上航路，这便是中国海上丝绸之路的最早叫法。这条航线全长1.4万千米，是当时世界上最长的远洋航线，途经100多个国家和地区。海上通道在隋唐时运送的主要大宗货物仍是丝绸，所以后世把这条连接东西方的海道叫作"海上丝绸之路"。到了宋元时期，瓷器出口渐成主要货物，因此又称作"海上陶瓷之路"。同时，由于贸易商品有很大一部分是香料，因此也称作"海上香料之路"。海上丝绸之路是约定俗成的名称。

### （一）先秦时期

中国原始航海活动始于新石器时期，尤其是岭南地区，濒临南海和太平洋，海岸线长，大小岛屿星罗棋布。早在四五千年前的新石器时代，居住在南海之滨的岭南先民就已经使用平底小舟从事海上渔业生产。3000 多年前，东江北岸方圆近百千米的惠阳平原已经形成以陶瓷为纽带的贸易交往圈，并通过水路将其影响扩大到沿海和海外岛屿。通过对海船和出土陶器，以及石器、铜鼓和铜钺的分布区域的研究得知，先秦时期的岭南先民已经穿梭于南中国海乃至南太平洋沿岸及其岛屿，其文化间接影响到印度洋沿岸及其岛屿。

春秋战国时期，齐国在胶东半岛开辟的"循海岸水行"是一条直通辽东半岛、朝鲜半岛、日本列岛直至东南亚的黄金通道，秦始皇统一岭南后发展很快。当时番禺地区已经拥有相当规模、技术水平很高的造船业。先秦和南越国时期岭南地区的海上交往为海上丝绸之路的形成奠定了基础。主要的贸易港口有番禺（今广州）和徐闻，从南越王墓出土的文物便是证据。出土遗物以及对古文献的研究表明，南越国已能制造 25～30吨的木楼船，并与海外有了一定的交往。南越国的输出品主要是漆器、丝织品、陶器和青铜器；输入品正如古文献所列举的"珠玑、犀（角）、玳瑁、果、布之凑"。

1974 年年底，在今广州中山四路发现了南越国宫署遗址，在宫署遗址之下又发现了秦代造船遗址。从出土文物判断，这是秦始皇统一岭南时"一军处番禺之都"的造船工厂遗址。1975 年，秦代造船遗址开始发掘，清理出一段 29 米长的船台，1997 年发现 3600 平方米的造船木料加工厂。那时发现南越国宫署直接压在加工厂之上，因保护宫署不再往下发掘。经过多次的勘查研究，结论为工厂是由 3 个长度超过 100 米、东西走向、平行排列的木质造船台以及南侧的木料加工厂组成，可造出宽 8 米、长 30 米、载重五六十吨的木船。

### （二）两汉时期

汉武帝以后，西汉的商人经常出海贸易，开辟了海上交通要道——海上丝绸之路。西汉中晚期和东汉时期，海上丝绸之路真正形成并开始发展。西汉时期，南方南粤国与印度半岛之间海路已经开通。汉武帝灭南越国后凭借海路扩大了海贸规模，海上丝绸之路兴起。《汉书·地理志》记载，其航线为：从徐闻、合浦出发，经南海进入马来半岛、暹罗湾、孟加拉湾，到达印度半岛南部的黄支国（今印度南部）和已程不国（今斯里兰卡）。这是有关海上丝绸之路最早的文字记载。

史书还记载了东汉时期与罗马帝国的第一次来往：东汉航船已使用风帆，中国商人由海路到达广州进行贸易，运送丝绸、瓷器经海路由马六甲经苏门答腊来到印度，并且采购香料、染料运回中国；印度商人再把丝绸、瓷器经过红海运往埃及的开罗港或经波斯湾进入两河流域到达安条克；再由希腊、罗马商人从埃及的亚历山大、加沙等港口经地中海运往希腊、罗马两大帝国的大小城邦。这标志着横贯亚、非、欧三大洲的、真正意义的海上丝绸之路的形成，从中国广东番禺、徐闻，广西合浦等港口启航西行，与从地中海、波斯湾、印度洋沿海港口出发往东航行的海上航线，在印度洋上相遇并实现了对接，广东成为海上丝绸之路的始发地。随着汉代种桑养蚕和纺织业的发展，丝织品逐渐成为这一时期的主要输出品。

### （三）魏晋时期

三国时代，魏、蜀、吴均有丝绸生产，而东吴雄踞江东，汉末三国正处在海上丝绸之路从陆地转向海洋的承前启后与最终形成的关键时期。三国时期，由于孙吴同曹魏、刘蜀在长江上作战，加上海上交通的需要，因此积极发展水军，船舰的设计与制造有了很大的进步，技术先进，规模也很大。在三国以后的其他南方政权（东晋、宋、齐、梁、陈）也一直与北方对峙，也促使了海洋、航海技术的发展以及航海经验的积累，为海上丝绸之路的发展提供了良好的基础。

据文献记载，孙吴造船业尤为发达，当时孙吴造船业已经达到了国际领先的水准。孙吴所造的船主要为军舰，其次为商船，数量多，船体大，龙骨结构质量高。这对贸易与交通的发展、海上丝路的进一步形成起了积极的推动作用。同时，孙吴的丝织业已远超两汉的水平与规模，始创官营丝织，且有自己独特的创新与发展。这也极大地促进与推动了中国丝绸业的发展。出海远航的主客观条件已经具备，东海丝绸之路由此形成并迅速发展。

魏晋以后开辟了一条沿海航线。广州成为海上丝绸之路的起点，经海南岛东面海域，直穿西沙群岛海面抵达南海诸国，再穿过马六甲海峡，直驶印度洋、红海、波斯湾。对外贸易涉及 15 个国家和地区，丝绸是主要的输出品。

### （四）隋唐时期

隋唐时期，广州成为中国的第一大港，也是世界著名的东方港市。由广州经南海、印度洋，到达波斯湾各国的航线，是当时世界上最长的远洋航线。海上丝绸之路开辟后，在隋唐以前，即 6—7 世纪，它只是陆上丝绸之路的一种补充形式。但到了隋唐时期，由于西域战火不断，陆上丝绸之路被战争所阻断，而海上丝绸之路由此兴起。在唐代，伴随着中国造船、航海技术的发展，中国通往东南亚、马六甲海峡、印度洋、红海，乃至非洲大陆的航路纷纷开通与延伸，海上丝绸之路终于替代了陆上丝绸之路，成为中国对外交往的主要通道。

《新唐书·地理志》记载，在唐代，中国东南沿海有一条通往东南亚、印度洋北部诸国、红海沿岸、东北非和波斯湾诸国的海上航路，叫作"广州通海夷道"，这便是中国海上丝绸之路的最早叫法。当时，通过这条通道往外输出的商品主要有丝绸、瓷器、茶叶和铜铁器四大宗；往回输入的主要是香料、花草等一些供宫廷赏玩的奇珍异宝。这种状况一直延续到宋元时期。

### （五）两宋时期

宋代的造船技术和航海技术明显提高，指南针广泛应用于航海，中国商船的远航能力大为加强。宋朝与东南沿海国家在绝大多数时间保持着友好关系，广州成为海外贸易第一大港。"元丰市舶条"标志着中国古代外贸管理制度又一个发展阶段的开始，私人海上贸易在政府鼓励下得到极大发展。但是，为了防止钱币外流，南宋政府于嘉定十二年（1219年）下令以丝绸、瓷器交换外国的舶来品。这样，中国丝绸和瓷器向外传播的数量日益增多，范围日益扩大。

宋代海上丝绸之路的持续发展，大大增加了朝廷和港市的财政收入，一定程度上促进了经济发展和城市化生活，也为中外文化交流提供了便利条件。而宋朝在经济上采用重商主义政策，鼓励海外贸易，并制定了中国历史上第一部系统性较强的外贸管理法则。海上丝绸之路发展进入鼎盛阶段。

泉州的海外交通起源于南朝而发展于唐朝。唐宋之交，中国经济重心已开始转到南方，东南地区经济快速发展。宋朝有三大对外贸易主港，即广州、宁波、泉州。港口的地理便利因素对海外客商很重要，北边日本和朝鲜客商希望宋朝主港口尽量靠北，而贸易量更大的阿拉伯世界和南海诸国则希望港口尽量靠南，两股方向的合力点便平衡在当时地处南北海岸中点的泉州，正是这一南北两面辐射的地理优势使得泉州在设立市舶司（1087 年）正式开港后，迅速超越明州港（今宁波境内），再追平甚至反超广州成为第一大港，但广州仍然是中国第二大港。

## （六）元代

元世祖在至元十四年（1277 年）首先准许重建泉州市舶司，又命唆都、蒲寿庚"诏谕诸蕃"，委蒲寿庚长子蒲师文为正奉大夫宣慰使左副都元帅兼福建路市舶提举，又命其为海外诸蕃宣慰使。泉州海外交通贸易进入黄金时期。海上贸易东至日本，西达东南亚、波斯、阿拉伯、非洲。海舶蚁集，备受称赞，"刺桐（泉州古称）是世界上最大的港口之一"，主要出口陶瓷、绸缎、茶叶、金银等，进口香料、胡椒、药材、金银珠贝等。

元世祖忽必烈在位时由于连年对外征战，因此先后进行了 4 次海禁，到 1322 年结束。1322 年复置泉州、庆元（今宁波）、广州市舶提举司，之后不再禁海。中国大航海家汪大渊由泉州港出发航海远至埃及，著有

《岛夷志略》一书，记录所到百国的所见所闻。

## （八）明代

海上丝路的南北航线在元明时期达到最大程度的交融。元明时期的中国，经济中心在南方而政治中心在北方，相对先进的航海技术使得南北方之间的海运成为保证南方粮食、丝绸、瓷器等北上的重要运输方式。在对外贸易上，明朝郑和率船队七下西洋，开创了中国远洋航海的新时代。

# 第二节　香料的输入与输出

用香是现代文明的一个重要标志，随着中国经济的迅猛发展，中国已成为世界香水消费大国。对著名的香水品牌许多人并不陌生，但十大香水品牌中却没有一个来自中国，这是很大的遗憾。不过又有多少人知道，中国其实是一个用香历史悠久的国度。

## 一、香料输入路线

在中国《诗经》《楚辞》《山海经》等历史典籍里就有不少关于芳香植物的记录，两汉时期的本草著作《神农本草经》中已有芳香植物供药用的记录。芳香植物也成为丝绸之路上重点传播的植物资源。在汉代，香料有的从西北陆上丝路传入，也有的从海上丝路传入。丝绸之路的开拓，使得中外文化交流得以有组织、有规模地开展，各种香料的输入是丝绸之路上经济贸易和文化交流迅速发展的重要表现。汉代从域外输入的器物产品和香料品种丰富了社会的物质和文化生活，对汉代社会产生了重要影响。这些丝绸之路上的舶来品，推动了不同国家、不同地区、不同民族的物质成果和精神产品的互通有无，促进了人类相互间的认知和不同文化的互动。

随着丝绸之路的开辟，不同香料的传入时间和传播途径有所差异，需要通过对文献的研究和考古发现来确定和了解沿丝路而来的诸多香料，及其如何促进国家、地区及民族之间的交流互动，从而推动不同文化之间的对话与沟通。

秦汉时期，香料主要从陆上丝路传入我国，这条路线也称为"沙漠之路"。陆上丝路在不同历史时期发展出了重要的分支，主要有"草原之路""唐蕃古道""中印缅路""交趾道"等。

　　根据《汉书·西域传》和《后汉书·西域传》的记载,在古代即传入中国的著名药物有番红花、番石榴、胡桃、番木鳖、番泻叶、番木瓜、胡椒、胡麻仁、胡黄连、莒楮、葡萄、苏合香、安息香、乳香(沉光香)、没药(精袄香)、琥珀等。晋代张华的《博物志》和唐代封演的《封氏闻见记》记载,张骞出使西域,在安石国得涂林种而归,故名安石榴,将其成功引种到长安临潼一带,自唐代以后被广泛种植到黄河流域和长江流域;还得胡桃种,西汉时被植入皇宫上林苑。香菜原称胡蒌,产于波斯、大宛,用于食用和药用,大约汉时传入中国,后改名为香葵。《本草纲目》卷二十三记载:"汉史张骞始自大宛得油麻种,故名胡麻(今芝麻)。以别中国大麻也。"《汉书·西域传》记载:"汉史采蒲陶、目宿种归……益种蒲陶、目宿离宫馆旁,极望焉。"西域地区输入中国的药材、食物、水果常被冠以"胡"或"番"之名,部分以古地名命名,体现了其产地特征。中国与朝鲜的贸易中,药材也是重要内容,《本草经集注》收载了新罗、百济、高丽等地所产的"金屑、人参、细辛、五味子、款冬花、昆布、黄丝子、姜黄、白附子、葡萄等 11 种",历史上以人参、牛黄最为重要。通过"交趾道"引进了中药"薏苡仁",并在我国南方广泛种植。陆上丝路传入我国的药物对丰富我国中药品种发挥了重要作用。

　　中国古代海上丝绸之路形成于秦汉,由东海航线和南海航线两大干线组成。《汉书·地理志》记载,公元 166 年,罗马使者带着象牙、犀角、玳瑁等沿海路到达中国,与中国建立了直接的贸易联系,从此,东西方的海上丝绸之路全面贯通。15 世纪,人类进入航海时代,海上交通最终取代了传统的陆上交通。唐代安史之乱后,经济中心逐渐转移到南方,强化了海上丝绸之路的经济作用;宋元则为海上丝路的鼎盛时期;明代郑和七下西洋使其到达顶峰。我国土生波斯人李珣所作《海药本草》记载了 124 种药物,其中大部分为舶来品。历代本草著作及相关文献中记载了许多通过海上丝路引进的药物及其应用和贸易,主要有乳香、没药、木香、水银、芦荟、阿魏、藿香、茅香、使君子、桂皮、桂心、麒麟血竭、龙脑（冰片）、厚朴、诃梨勒、薏苡仁、丁香、益智子、琥珀、沉香、槟榔、庵摩勒、象牙、犀角、珍珠、玳瑁、光香、降真香、豆蔻、蝮蛇胆、茴香、蓬莪术、海桐皮、姜黄、大腹皮、木鳖子、茱萸、大风油、苏方木等。

唐宋时期，大量阿拉伯香料通过丝绸之路输入中国，为阿拉伯医学的引进及与中医学的融合创造了条件，进而为回医药学的形成奠定了基础。阿拉伯香药丰富了中药品种，促进了中医基础理论、方剂学、临床应用的发展，对中医药发展产生了重大影响。传统医学中常用的阿拉伯香药有砂仁、白豆蔻、荜茇、荜澄茄、丁香、小茴香、补骨脂、腽肭脐、沉香、木香、檀香、龙脑香、苏合香、乳香、没药、降香、血竭藏红花、龙涎香、阿魏、苏木等。唐代《新修本草》记载了阿拉伯香药 20 余种；宋代《本草图经》记载了阿拉伯香药 30 余种；明代《本草纲目》记载了源于阿拉伯地区的药物 80 余种。海上丝绸之路公元前就有东海和南海航线。西晋南北朝时期，就有朝鲜半岛的药材传入我国。《本草经集注》收集了来自朝鲜半岛的药材，有人参、细辛、五味子、款冬花、芜荑、昆布、蜈蚣等。《本草拾遗》和《海药本草》收载了由朝鲜产的白附子、海松子、延胡索等。当时由朝鲜半岛输入的药材还有牛黄、昆布、芝草等。隋唐时期，越南输入我国的药物有白花藤、庵摩勒、丁香、詹糖香、苏枋木、白茅香等。1405—1433 年，郑和七下西洋，带回的香药植物主要有龙涎香、胡椒、肉豆蔻、白豆蔻、降真香、安息香、檀香、乌香、丁香、蔷薇水等；药材有犀牛角、芦荟、没药、苏合油、紫胶、硫黄、龙脑、片脑、乌木、黄蜡、大风子、阿魏等。

许多古代文献记载了丝绸之路沿线香文化的流通、互鉴状况。《魏略·西戎传》记载大秦（古罗马）有"一微木、二苏合、狄提、迷迭、兜纳、白附子、薰陆、郁金、芸胶、蕙草木十二种香"。范晔的《和香方·序》记载："甘松、苏合、安息、郁金、奈多、和罗之属，并被珍于外国，无取于中土。"类似的文献还有宋代周去非的《岭外代答》，记载了南洋、大食、大秦等域外的香料。元代航海家汪大渊的《岛夷志略》也记载了许多南洋、西洋国家的香料。明代郑和航海船队成员巩珍的《西洋蕃国志》、马欢的《瀛涯胜览》和费信的《星槎胜览》也记载了郑和航海沿线国家的乳香、降真香、檀香、沉香、龙涎香等诸多香料。明代黄衷的《海语》详细记载了东南亚诸国的片脑、石蜜、伽南香等香料。明代黄省曾的《西洋朝贡典录》则记载了占城、真腊、暹罗、锡兰的沉香、檀香、乳香等信息。这些有关香料的记录，除了描述香料本身的性状和成色外，还介绍了其产地和流通状况。

## 二、香料输出路线

陆上丝绸之路：张骞出使西域，促进了中医药文化向西方传播。汉武帝元鼎三年（前114年），中国大黄沿丝绸之路经西域、里海被转运至欧洲。根据《大唐西域记》记载，印度本土没有的桃、杏、梨是由中国河西走廊一带传入的，印度人称桃为"中国果"，把梨树称为"中国王子"，中国的大黄、肉桂、生姜、芦荟、樟脑、黄连、牛黄、五倍子、麻黄、黄芪、五加皮、花椒、常山等输入中东、中亚、欧洲等地，丰富了该地区的药物品种，促进了医疗事业发展。在中世纪，大黄被欧洲人誉为万灵药。唐朝通过"唐蕃古道"向印度输出了麝香、硼砂、川芎等药材，其中以麝香最为著名，故此道被誉为"麝香之路"。通过陆上丝绸之路，中药被中亚、西亚、朝鲜半岛、欧洲等地的人民所了解和使用，且在特定历史时期，个别中药品种还被当地人民高度认可和重视，也为海上贸易奠定了良好的基础。

海上丝绸之路：当香药通过海上交通输入我国时，我国的中药也通过海上丝绸之路向外输出。公元前219年，秦始皇命徐福出海求仙，中医药文化随之传入日本。《唐大和上东征传》记载了运往日本的中药材有麝香、益智仁、大黄、紫草、槟榔、苏木等，同时通过中国中转传入日本的有龙脑香、安息香、胡椒、阿魏等。中国大量的医学书籍传入日本也促进了日本医学的发展。《宋会要辑稿》记载，宋政府通过市舶司输出的中药材达 60 多种，主要有朱砂、人参、牛黄、茯苓、附子、胡椒、硝石等，其中牛黄被高度重视。在元朝，中国的檀香、白芷、麝香、川芎等药材大量输出到东南亚、中亚、阿拉伯世界、欧洲、非洲等地区。在明朝，郑和下西洋输出了麝香、人参、牛黄、茯苓、生姜、肉桂、樟脑等。《诸蕃志》中记载了龙脑香、麝香、檀香等商品，并将龙脑香、麝香排在前列。可见，中药材是海上丝绸之路上的重要商品。通过海上丝绸之路输出的中药主要有大黄、麝香、檀香、川芎、白芷、木香、肉桂、良姜、绿矾、朱砂、白矾、硼砂、砒霜、牛黄、蓬莪术、硝石、土茯苓、无患子、乌头、使君子、雄黄、槟榔、姜黄、椿树皮、半夏、远志、鳖甲、桔梗、益智仁、荆三棱、甘草、石斛、菖蒲、牛膝、松香、天南星等。

# 第七章　丝绸之路与香俗文化

在全世界的古文明中，人们对可以散发香气的香料不约而同地产生喜好。三四千年前开始，香料的气味就开始进入人类的生活，从此，伴随着世界各地的人们走过数千年的岁月。许多文明里，香料被使用在疾病治疗、宗教祭祀、文化休闲等活动中。因此也可以说，几乎所有的古文明都有自己独特的用香习俗，并且各有一套用香的文化与哲学。

据说，香料起源于帕米尔高原，而帕米尔高原是古代丝绸之路经过的地方，地处中亚东南部、中国的最西端，横跨塔吉克斯坦、中国和阿富汗。由此可见，四大文明古国——中国、古印度、古埃及、古巴比伦，都是最早应用香料的国家也是有据可循的。

# 第一节　丝绸之路的文化价值

　　丝绸之路经历了先秦时期的肇始、秦汉时期的开辟、隋唐时期的畅通和宋元以后渐趋衰落的曲折演变历程。在这两千多年的历史岁月里，丝绸之路在不同时代、不同时期的发展和演变总是与当时中国与欧亚各国的历史发展、民族命运、国运兴衰息息相关。

## 一、丝绸之路的文化遗产与价值

　　这条古代连接世界的大通道，必然折射和见证着中国与欧亚历史发展的轨迹。丝绸之路既是中国的，也是世界的，所以必须置于历史发展的长河中和世界的大视野下，科学认识和准确评价丝绸之路及其价值意义。丝绸之路的形成和发展既沟通和连接了古代世界，也促进了世界的发展与进步，它使人类文明更加绚丽多姿、丰富多彩。因此，一切与丝绸之路相关的历史事件、人物、古道、驿站、城池、石窟、庙宇、墓葬、器物、物产、宗教、艺术、思想、科学、技艺、制度等，无一不成为中国和世界共有的文化遗产和精神财富。

### （一）中国走向世界、对外开放的永恒记忆

　　从张骞通西域，到郑和下西洋，中国几度开放，几度繁荣。但明朝中后期实行闭关锁国政策，导致中国落后挨打。历史告诉我们：国家可以因开放而兴盛，也可以因封闭而衰亡。邓小平同志提出："独立自主不是闭关自守，自力更生不是盲目排外。"中国必须开放！

#### 1. 中国走向世界

　　丝绸之路的形成与发展，总是与这条通道的东西两端，即中国和欧

洲的政治需要与社会变化紧密相关，尤其是与丝绸之路的起点——中国直接相关。虽然这条通道早自先秦即已肇始，但它的正式开通无疑是以张骞"凿空"西域为标志的。张骞奉命出使西域的主要目的是联合已经西迁的大月氏等部族共同抗击匈奴，虽然这一目的没有达到，却意外地了解和掌握了广大西域地区的民族、国家、人文、自然、物产等诸多信息，第一次打开了西汉王朝了解域外和西方的通道，这无疑是中国主动走向世界的重大举措。

## 2. 中国对外开放

伴随西汉通往西域南北两道交通线的开通，中原与西域的政治、经济、文化、军事联系也随之建立起来，再加上中原与西域在物产、经济上的差异性和互补性极强，从而形成了相互依赖的经贸关系，并随着交流的不断加深而持久延续下去。两汉王朝通过西域进一步将目光投向更远的西方和南方，而西方大国罗马帝国也出于对丝绸等物品的需求和对外扩张的需要，不断试图打通与东方的联系。于是，甘英出使大秦和罗马帝国使者前来中国，成为东西方世界直接发生联系的标志性事件。丝绸之路的开通，是中国主动走向世界和对外开放的必然结果。

丝绸之路贸易的历史经验已多次证明，国家强盛、社会安定及友好关系的建立，是对外开放、商贸发展和文化交流的前提和基础。法国学者阿里·玛扎海里曾说："丝绸之路仅仅依靠中国，而完全不依靠西方。这不仅仅是由于中国发现和完成了这条通向西方的道路，而且这条道路后来始终都依靠中央帝国对它的兴趣，取决于该国的善意或恶意，即取决于对它的任性。疆域辽阔的中国是 19 世纪之前世界上最富饶和最发达的国家，丝毫不需要西方及其产品。因为在中国可以得到一切，它比西方可以做的事要容易得多。相反是西方人都需要中国并使用各种手段以讨好它。"

这段话虽然有些绝对，但基本符合实际。其可贵之处在于：首先，明确提出了丝绸之路的形成与延续主要依靠中国的开辟和维持；其次，在 19 世纪之前，中国是世界上最富饶最发达的国家，丝绸之路的畅通与此息息相关；最后，揭示了互通有无的重要性。因此，自给自足的中国在这种互通有无的商贸往来中也受益良多，无论在物质还是精神文化领域，都大大丰富和促进了中国的发展。就此而言，丝绸之路是中国主动走向世界，发展外交关系和实施对外开放的政治之路、外交之路和开放之路。它也成为古代中国走向世界、引领世界、对外交流、文明昌盛的象征和永恒记忆。

### （二）中西文化交流、文明交汇的历史丰碑

文化交流是世界文明进步的一个重要条件，也是推动文化全球化和多样性的内在要求。文化交流包括人员的往来、物产的转移，衣食住行、婚丧嫁娶等风俗习惯的相互影响，思想、文学、艺术等的传播。交流的途径多种多样，如政府使节、留学生、商人、工匠，甚至战争与俘虏，也曾为文化交流提供渠道。中国在春秋战国就已经开始文化交流的进程，随着时代的发展，这种交流日益加深，最终成为中华文化博大精深、源远流长的一部分。在现在这个经济全球化和区域集团化日益加深的时代，文化的软实力作用越加突出，对提升国际竞争力的作用日益突出。所以，加强中外文化交流也就成为中国现代化建设的一个不可或缺的环节，并且在此基础上实现中外双方互利共赢。

#### 1. 中西文化交流

交流与沟通、探险与征服、探索与发现，是人类与生俱来的特性。而在人类的交往与交流的历史中，大规模、持续性的交流活动往往是物质交流先行，并成为刺激和扩大交流的原动力，继之以文化的传播扩散和相互吸纳，进而出现不同文明之间的交汇和融通，渗透到从物质到精神文化世界的各个层面，从而拓宽了双方的发展空间，丰富了文化养料，对促进文明的进步提供巨大的内生动力，从而推动人类文明迈向新的境界。纵观丝绸之路交通贸易两千多年来的发展，文化交流的扩大与几大文明间的相互碰撞交汇，无不如此。

季羡林说："横亘欧亚大陆的丝绸之路，稍有历史知识的人没有不知

道的。它实际上是在极其漫长的历史时期内东西文化交流的大动脉，对沿途各国，对我们中国，在政治、经济、文化、艺术、宗教、哲学等方面的影响既广且深。倘若没有这样一条路，这些国家今天发展的情况究竟如何，我们简直无法想象。"这一论述从总体上揭示了丝绸之路对中国与沿途各国在文化发展与交流中的作用。

### 2. 中西文明交汇

关于丝绸之路对人类文明的贡献，季羡林也有论述："在过去几千年的历史中，世界各民族共同创造了许多文化体系。依我的看法，共有四大文化体系：中国文化体系、印度文化体系、阿拉伯穆斯林文化体系、西方文化体系。四者又可合为两个更大的文化体系：前三者合称东方文化体系，后一者可称西方文化体系。而这些文化体系汇流的地方，世界上只有一个，这就是中国的新疆。"他所说的新疆，处于丝绸之路连接内地与亚欧的枢纽地带，狭义的西域即今天的中国新疆与中亚，正是亚欧大陆的腹地，由此可通往亚洲的东、西、南、北，再向西亦与欧洲相通。而敦煌则位于河西走廊西段，是连接中原和新疆的桥梁。也就是说，今天的新疆正是丝绸之路连接东西方，通向亚非欧，沟通世界的桥梁纽带。因此，四大文化体系或两大文明的交流互通，无疑是通过丝绸之路实现的。法国学者勒内·格鲁塞对此也有形象的论述："（丝绸之路）结束了我们地球上两个不同世界的隔绝，使得中国人的领地和印欧人的领地之间有了一些细微的接触。它们是丝绸之路和朝圣之路，商务和宗教经由那里传递，亚历山大大帝的继承者们的希腊艺术和来自阿富汗的佛教使徒们也是从那里经过的。《托勒密书》中提到了希腊和罗马商人曾经通过那里获得'丝国'的绢；后汉时期的中国将领们曾经希望通过那里与伊朗及东罗马帝国建立联系。因此，从汉朝到忽必烈时期，中国政治的一贯政策中就包括维持这条世界贸易大道的畅通无阻。"格鲁塞在论及元代的丝绸之路时进一步指出："蒙古人几乎将亚洲全部联合起来，开辟了洲际的通道，便利了中国和波斯的接触，以及基督教和远东的接触。中国的绘画和波斯的绘画彼此相识并交流，马可·波罗得知了释迦牟尼这个名字，北京有了天主教的总主教。（蒙古人）是将皇家禁苑的墙垣吹倒并将树木连根拔起的风暴，却将鲜花的种子从一个花园传播到另一个花园。从蒙古人传播文化这一点说，差不多和罗马人传播文化一样有益。对于世界的贡献，只有好望角和美洲的发现，才能够在这一点上与之比拟。"从推动中西方文化交流和文明交汇的角度而言，这样的评价并非虚言。

### （三）人类共有的文化宝藏

在新航路开辟之前的世界，人们所知道的世界仅限于旧大陆，也就是亚、非、欧三大洲。丝绸之路最初将中国、古印度、古巴比伦、古埃及、古希腊等世界上最古老的文明连接起来，接着又有波斯帝国、马其顿帝国、罗马帝国、阿拉伯帝国、奥斯曼土耳其帝国、帖木儿帝国等强大政权先后兴起于丝绸之路要道及其辐射区。它们共同经营和拓展了丝绸之路，也共同受惠于丝绸之路，通过丝绸之路输入和输出各自的物质文明和精神文明成果，共同为人类的文明进步做出了贡献。在这一广大的区域，两千多年来，数个国家、民族在错综复杂、循环往复的互动之中，通过商贸往来，也通过部族迁徙、战争征伐等相互作用、相互影响、相互分化与整合，构成人类社会五彩斑斓和跌宕起伏的发展史。一部丝绸之路史，也就是一部丝绸之路带相关国家民族历史发展、文明演进的历史。所以，与丝路相关的文化遗存，也就必然是人类共有的历史遗产、文化宝藏和精神财富。

## 二、丝绸之路的历史地位与影响

张骞出使西域开通了中西交往的通道，加强了西汉与西域各国的经济和文化交流。丝路的开辟大大促进了东西方经济、文化、农业、语言的交流和融汇，对推动科学技术进步，文化传播，物种引进，各民族间的思想、感情和政治交流以及人类新文明创造，均做出了重大贡献。丝绸之路的开辟，有力地促进了东西方的经济文化交流，促成了汉唐的兴盛，在历史上对商品、文化、思想的交流起到了重要作用。

## （一）古代中国国力强弱与对外关系演化的晴雨表

丝绸之路开辟后，它的畅通与否，虽然受沿途各国政治、经济、文化等多种因素的影响，但一个不可否认的事实是，作为丝绸之路的开辟者，中国国力的强弱、社会稳定与否、对外交往的态度如何则是其中最关键的因素。两汉、隋唐、元代，由于国家统一、稳定强大，对外实行积极的开放政策，因而丝绸之路畅通无阻，新的道路不断开辟，商贸流通、文化交流都异常活跃，数量可观、规模宏大，各交流方彼此的影响作用显而易见。

### 1. 国力强盛时期

在汉唐统治者主导丝绸之路的过程中，逐渐形成了以贡赐贸易和民间贸易相辅并行的商贸体系。其中，民间贸易的发展更多地体现经济的需求，而贡赐贸易则是政治、外交和经济等多种因素综合作用的反映。由于古代中国长期处于国力强盛的优势地位，因此统治者们主动前来，或允许或应召而来的四夷遣使入贡作为其臣服、归顺中华的一种标志。由此建立起一套政治上的管辖体系，经济上朝贡与厚赐模式的形成与维系，使帝国宗主地位得以确立。为了继承、维护和开拓传统的华夏朝贡体系，创造"四夷来朝""万国慕化"的清平盛世成为历代统治者的政治理想，实现这一政治理想也成为历代大一统王朝的治国方略。这种客观上有利于促进和推动经济文化交流的宗主朝贡体系的运转和维系，必须以强大的政治统治和雄厚的经济实力为后盾，舍此难以为继。

### 2. 国力衰弱时期

相反，每当中国处于战乱分裂或国家实力下降时期，如魏晋南北朝及宋、辽、金与西夏时期，虽然丝绸之路的商贸文化交流活动还在继续，但是其通畅程度和效能作用远不能与汉唐时期相提并论。即使在明清一统时期，由于国力开始下降，传统的朝贡体系就成为国家的负担而难以维系，国家在对外关系上已由此前的开放变为趋于保守直至闭关封市，也使丝路商贸与文化交流的功能减弱以至消失。史书记载："永乐时，成祖欲远方万国无不臣服，故西域之使岁岁不绝。诸蕃贪中国财帛，且利市易，络绎道途。商人率伪称贡使，多携马、驼、玉石，声言进献。既入关，则一切舟车水陆、晨昏饮馔之费，悉取之有司。邮传困供亿，军民疲转输。比西归，辄缘道迟留，多市货物。东西数千里间，骚然繁费，公私上下罔不怨咨。廷臣莫为言，天子亦莫之恤也。至是，给事中黄骥极陈其害。仁宗感其言，召礼官吕震责让之。自是不复使西域，贡使亦渐稀。"

当然，丝绸之路横跨亚欧大陆，沟通三大洲数十国，除了中国国内因素之外，也与每一时代沿途各国的治乱兴衰密切相关。魏晋南北朝时期不仅中国社会动荡，整个亚欧地区也不安宁，丝绸之路自然难以发挥应有的作用。对此西方历史学者曾说："公元 500 年左右，整个欧洲大陆处于动乱时期。亚洲草原上游牧民族侵袭了当时所有的文明中心。虽然古典时期的成就并未完全丧失，但中国与西方、北非、意大利、拜占庭和西欧之间的联系却大大减弱。在随后的几个世纪中，各个地区又退回到依靠自身资源独立发展的状态。"

### （二）中央王朝经营西北和促进民族融合的纽带

丝绸之路经过的中国西北地区，正是内地与西北边疆相联系、汉族与少数民族交错杂处、农耕文化与游牧文化过渡的地带。这条通道就是西汉王朝设置四郡经营河西，开拓西域，解除北方威胁的产物。

#### 1. 中央王朝经营西北

先秦的北狄、犬戎、西戎、氐羌，秦汉时期的匈奴，魏晋南北朝时期的柔然、鲜卑、吐谷浑，隋唐时期的突厥、回鹘、吐蕃，宋元时期的契丹、党项、女真、蒙古，明清时期的满族、鞑靼、瓦剌、藏族等，曾先后或建立起强大政权与中原分庭抗礼，或统治草原占据西域并南下犯境，或在中原王朝的打击和统一进程中走向分裂，或内附，或融合，或迁徙，或远遁，甚至引发欧亚地区大范围的部族流动与战争征伐。因此，丝路地带的广大地区必然发生剧烈的民族与国家的地理大交流、民族大迁徙、人口大流动和文化大交流。这既是人类历史与文明的阵痛期，也是人类文化与文明、国家与民族的蜕变期，新的民族格局和国家生态由此诞生。

### 2. 促进民族融合

就中国而言，在两千多年间曾发生过四次大规模的民族大交流和大融合：第一次是春秋战国时期的秦、晋、燕、赵与北狄、西戎间的交流融合；第二次是魏晋南北朝时期少数民族与中原汉族的交流融合；第三次是唐、宋、元时期的多民族交流融合；第四次是明清时期西北诸族的交流融合。每一次民族大交流、大融合，都对中华民族、中华文化的发展演变带来巨大影响。中华文化绵延不绝，中华文明一以贯之，与此不无关系。而且，在民族融合、文化交融的过程中，一些古老的民族汇入汉族或其他民族而消失，另一些新的民族又在融合中出现，成为中华大家庭新成员。在经营西北的历史进程中，每一次民族大融合与文化大交流，丝绸之路都无疑在其中发挥了国防运输线、商贸大通道、文化传输带、文明生长线、民族融合区的多重功能。

### （三）中古时代沟通世界和中西商贸往来的通道

在中世纪，丝绸之路的开辟和通行，既连接了亚非欧三大洲，也使旧大陆主要国家紧密地联系起来，彼此交往，相互影响，互通有无，推进了各国经济文化的发展和人民物质生活水平的提高。

### 1. 中世纪沟通世界

例如，唐代从中国输出西方的物品，仅丝绸一样，其种类就多达百种以上，还有大量难以统计的物产和技术，如造纸术、印刷术、火药、指南针、漆器、瓷器、铁器、金银器皿、钱币、炼丹术的西传当是其中的荦荦大者。又如诸多农作物和药物的西传，法国学者玛扎海里在其专著《丝绸之路——中国—波斯文化交流史》中，专门对谷子、高粱、樟脑、肉桂、姜黄、生姜、水稻、麝香、大黄九个物种的西传及其作用进行了详细介绍和论述。马克思在《1861—1863 年经济学手稿》中曾说：

"火药把骑士阶层炸得粉碎，指南针打开了世界市场并建立了殖民地，而印刷术却变成新教的工具，总的来说变成科学复兴的手段，变成对精神发展创造必要前提的最强大的杠杆。"中国科学技术的西传，对世界文明发展的贡献和影响广泛而深刻。

### 2. 中西商贸往来

丝绸之路对中国古代社会也同样产生了重要的影响。沿途欧亚各国也同样回报中国各种动植物、物品和技术。传入中国的动物有驼、狮子等；植物有石榴、葡萄、苜蓿、菠菜、胡麻、胡椒、胡黄连、胡荽、小茴香、青黛（靛花）、郁金香、天竺桂、无花果、指甲花、阿勃参，还有其他多种药材、香料、染料等；物品主要有玻璃器皿、琉璃、玉石、珍珠、珊瑚、金刚石、石蜜、砂糖、氍布、葡萄酒等。这些物品和技术的传入，同样大大丰富和拓展了中国人民的物质生活，推动了中国经济文化的进步和发展。

中西方之间的商贸往来，与中国历代政府的大力倡导和沿途提供各种保障是分不开的，也与平等对待客商和恪守商业信誉密切相关。例如清代初年，哈萨克表示归顺并入贡后，清政府发布上谕说："……哈萨克汗阿布赉悔过投诚，称臣入贡，遣使至营，情辞恳切，现在护送进京……不知哈萨克远在万里之外，荒远寥廓，今未尝遣使招徕，仍称臣奉书，贡献马匹，自出所愿，所谓归斯受之，不过羁縻服属，如安南、琉球、暹罗诸国，俾通天朝声教而已，并非欲郡县其地，张官置吏，亦非如喀尔喀之分旗编设佐领……"李明伟指出，中国古代丝绸之路贸易一开始就带有"怀柔远人，弘扬国威"的鲜明政治色彩，因此在贸易中注重礼让信义的商业道德。在朝贡贸易时，"倍偿其值"，在边境互市中强调"惠远人而贸易"，这种良好的商业信誉导致西方诸国争相与中国通商，且各方均能从贸易中获得益处。在丝路畅通的大多数时期，呈现的是"胡商贩客，填委于旗亭"，异域传使者"驰命走驿，不绝于时月，商胡贩客，日款于塞下"的繁忙景象。

东西方之间这种双向的商贸往来和文化交流，将彼此和整个世界连接起来。丝绸之路在中世纪真正发挥了沟通世界和中西商贸往来的重要作用。

### （四）中外文化交流扩散的大动脉

丝绸等众多物品的输入、输出，必然会将与之相联系的技艺、程式，以及附着于其中的习俗、审美、观念等思想文化进行传播。相较于物质产品，艺术等文化领域的交流和传播，其意义和影响则更为深远。丝绸之路及其道路网络，犹如动脉和毛细血管一样，在东西方之间无所不在，持续不断地进行着文化的传输和扩散。涓涓细流，悄然改变着彼此和世界。

纵观两千多年来丝绸之路上的文化交流，可以说有三次高潮：第一次发生在丝绸之路初辟时的汉代，以中原与狭义西域（今新疆）之间的文化交流为主；第二次发生在晋至唐时期，以中国与印度、中西亚、东罗马帝国之间的文化交流为主，特别是佛教文化的传播交流达到高潮；第三次是明代以来，以西方传教士东来和近代科学技术的传入为主要内容，这一过程更多地通过海上丝绸之路完成。

例如，汉朝与乌孙有较为密切的和亲关系，而且"乌孙公主遣女来至京师学鼓琴"，宣帝亦曾以"乌孙主解忧弟子相夫为公主，置官属侍御百余人，舍上林中，学乌孙言"。宣帝亲自组织百余人寄居上林苑，学习乌孙语言，既表示对乌孙的友好，又通过实际行动号召人们学习乌孙语言，以强化双方的友好关系。再如龟兹与汉交好，"元康元年，遂来朝贺。王及夫人皆赐印绶。夫人号称公主，赐以车骑旗鼓，歌吹数十人，绮绣杂缯琦珍凡数千万。留且一年，厚赠送之。后数来朝贺，乐汉衣服制度，归其国，治宫室，作檄道周卫，出入传呼，撞钟鼓，如汉家仪。外国胡人皆曰：'驴非驴，马非马，若龟兹王，所谓骡也。'""乐汉衣服制度""如汉家仪"正是龟兹人学习汉文化礼仪制度的反映。而胡人对龟兹人"驴非驴，马非马"的讽刺，反证了龟兹人的礼仪、制度等文化诸方面在汉文化影响下已经发生变化。到了东汉末年，中原与西域的文化交流进一步深入，西域胡人的生活方式受到人们的喜爱和模仿，以至于出现灵帝"好胡服、胡帐、胡床、胡坐、胡饭、胡箜篌、胡笛、胡舞"，以追求胡人生活为乐事，出现了"京都贵戚皆竞为之"的盛况。

自晋至唐，是印度佛教及其文化大规模传入中国并且中国化的主要时期，不少求法高僧，如法显、玄奘，不远万里，历尽艰辛，前往印度游学求经。音乐、舞蹈是盛唐文化的重要组成部分，也深受外来文化影响。唐朝音乐主要分为雅乐和燕乐两大门类。其中，雅乐主要用于祭祀、朝会等隆重场合，是一种相当程式化的庙堂音乐；燕乐主要是在宴饮场合表演的音乐和歌舞。外来文化对唐朝音乐的影响主要表现在燕乐。唐朝的燕乐是在隋朝九部乐的基础上发展而来的。隋朝初年，文帝定七部乐为正式的燕乐，分别是国伎、清商伎、高丽伎、天竺伎、安国伎、龟兹伎和文康伎。炀帝即位之后在此基础上加以改革，定清乐、西凉、龟兹、天竺、康国、疏勒、安国、高丽与礼毕为九部乐。唐太宗时去礼毕，增燕乐，平定高昌后，在贞观十六年（642 年）又加高昌乐，在隋朝九部乐的基础上形成了唐朝的十部乐。荣新江曾说："从魏晋到隋唐，随着属于伊朗文化系统的粟特人的大批迁入中国，西亚、中亚的音乐、舞蹈、饮食、服饰等大量传入中国。特别是沿着丝绸之路留存下来的佛教石窟，著名的如龟兹的克孜尔、吐鲁番柏孜克里克、敦煌莫高窟、安西榆林窟、武威天梯山、永靖炳灵寺、天水麦积山、大同云冈、洛阳龙门等，这些石窟大多融汇了东西方的艺术风格，是丝绸之路上中西文化交流的见证，它们连成一串宝珠，成为丝绸之路上的重要文化遗产。"

除此之外，还有天文、历法、数学、医药、建筑、造船、制玻璃、制糖、酿酒术等科学技术的传入，对促进中国科学技术的发展和提高人民的生活水平产生了积极影响。

文化的交流与传播，对于东西方的发展，对于推动人类的文明进步，无疑具有重要的意义。丝绸之路在这一进程中发挥了至关重要的传输作用。

# 第二节　丝路地区的香文化

芬芳意味着与神灵的贴近，代表着高尚、健康，也象征着财富。丝路架起了东西方贸易的桥梁，丝路各地从此便弥漫着芳香的气息。

## 一、陆丝地区的香俗文化

丝绸之路的开辟沟通了亚洲、非洲、欧洲，意义巨大，极大地促进了东西方经济、文化的交流和融合，为人类的文明做出了巨大的贡献。

### （一）古埃及的香文化

香料是古代埃及王室与寺庙生活中不可或缺的物质，埃及人可以说是世界上最早的香水调香师。现代的考古学家曾在埃及发现古代大型香水制作工坊的遗址，证明当时的埃及已经开始制作香水。古埃及也是历史上最早使用香水的国家，香水（香油）最早用来洗澡或喷洒在衣服上。古埃及人已经会用一些简单的方法来萃取精油和调配精油，如使用酒和树脂类作为介质来浸泡香料植物，确切地说是多种香料混合的香油。

#### 1. 埃及用香的历史

埃及最知名的芳香配方之一就是奇斐香油了。其由 16 种原料所组成，配方包含了菖蒲、番红花、桂皮、甘松、肉桂、杜松等，加上蜂蜜、葡萄及红酒浸泡而成。

#### 2. 香水代言人

在公元前的古埃及，香水（香油）的使用已日趋普遍。埃及艳后克利奥帕特拉七世（约前 69—约前 31 年）可以说是那个时代最著名的"香水代言人"，她经常使用 15 种不同气味的香水和香油来洗澡，甚至还用香水浸泡她的船帆。考古学家还发现，古埃及人会将香水储存在精致的容器里，这种包装文化延续至今。另外，古埃及人还学会了使用香精油护理头发，用香精油沐浴和清洁身体、按摩身体，令皮肤光滑细腻。当时用的可能是没药、乳香等，可能是现代 SPA 的前身。其实，早在 3000多年前，古埃及就有用香的记载，那时的香料多数用来制作皇家木乃伊，因为这些香料多半经由商队历经漫长旅程带来，珍贵而稀有。据记载，当时可能使用的香料包括没药、豆蔻、丁香、肉桂、乳香等进口香料。埃及人不仅从中东、非洲地区引进各种可以直接使用的香木、香膏、香油等香品，也会用油脂浸泡花瓣、香料植物后再过滤成香油、香水，或是将花瓣、植物、香料、芝麻等榨成汁，再混合树胶、植物油、蜂蜜等做成熏香或油膏。这些混合了许多成分的香品可以用来涂抹身体以治疗疾病，可喷洒在衣物上或是加入沐浴的水中，甚至使用在各种仪式中，展现了香对埃及人的肉体与精神层面的各种影响。由于香料在埃及社会使用相当普及，因此其在埃及社会中占有极其重要的地位。古埃及人除了日常生活里大量使用香料外，还为后世留下了许多令人印象深刻的木乃伊。依据学者的研究，古埃及人为了保存尸体不坏，将没药等香料频繁使用在王公贵族的木乃伊制作中；另外，在许多"死而复生"的陪葬用品里，考古学家也找到了众多的香料、香品或香油膏，来表达对神祇的崇拜。在焚烧香品之余，香油膏也是敬献给神明的重要供品之一，所以在神庙前的石碑上刻着人们要将最好的香草、香油或香水奉献给神明的文字。

## （二）古西亚地区的香文化

在地理上与埃及邻近的西亚地区也有关于香料使用的记录。在古代波斯帝国的社会生活中，珍贵而稀少的香料是地位尊贵的象征。在皇宫里，最香的必定是最高统治者。当时的权贵们不仅在日常生活中使用香料来熏香衣物、沐浴，或焚香祭祀神明；也会在自家花园里种植香气浓郁的茉莉、玫瑰等珍贵香花用于提炼香水，或利用香料治疗身体疾病；

同时，借由身上的香气显示自己的地位。

从古至今，香料在土耳其人生活中都有着重要的地位。土耳其人的生活随处弥漫着浓郁的香气，不过土耳其人主要将香料用于饮食。伊斯坦布尔有土耳其最大、最古老的香料市场，从香料市场古老的大门进入后，便会迎来扑鼻的各种香味，香料的诱人之味弥漫在四周。古巴比伦帝国曾在相当著名的巴比伦塔上，由祭司点燃大量香料，然后祈祷或占卜，借由高耸入天的塔与袅袅香烟，将祭祀者的意念传达上天，以香作为与神明沟通的桥梁，也表达了人们对神的敬意。

### （三）古阿拉伯人的香文化

在炎热少雨的中东地区，香料是日常必备的物品。阿拉伯人曾用香料制作保健品以及食物的调味品。

#### 1. 古阿拉伯人日常用香

中东干旱少雨，人们很难天天洗浴身体，所以长期以来，阿拉伯人都有在身上喷香水的习惯，也会在室内燃烧香料。这种习惯的形成不仅是因为香料可以产生令人愉悦的气味，更是因为某些香料具有消毒、防治疾病、驱除虫蛇及清新空气的功用。香料在日常生活中的频繁使用使得擅长科学发明与贸易经商的阿拉伯人在很早以前就将自己提炼出来的精油、油膏、香材、香水等不同形态的香品借由贸易传播到世界各地。古阿拉伯人甚至将早期浸泡香料做成香油膏的粗糙技术加以改良，使用蒸馏的方式萃取更纯粹的香料精油，产量上也获得极大的进步。这些香料和精油通过贸易销售到世界各地，这是香料使用上的一场大变革。古阿拉伯人的精油制作技术曾经风行很长一段时间，直到十字军东征之后，相关技术开始流传到欧洲等地，香水的制作与使用也开始在欧洲盛行，直至今日。

#### 2. 古阿拉伯人用香与医药

在医药方面，阿拉伯人也很有系统地将香料入药，发明了一些香料药方。中国唐代后期，阿拉伯人的医疗技术已经陆续传入中国，同时也为中国带来了许多新的药品，其中有一些就是具有药效的香料，如没药。

到了明清时期，通过南方海运的传播，更多香料被当作药材传入中国，如乳香、沉香、丁香、安息香。与此同时，这些香料的传入，使得中医也开始将香料当成药品来治疗各种疾病，包括没药散、乳香丸等。因此，香的传入对中国医药的发展也产生了重大影响。

神秘的阿拉伯炼金术士们曾经苦苦寻找植物的"精华"。公元 10 世纪，阿拉伯化学家阿维森纳终于完成了炼金术士的梦想，他以玫瑰做试验，发明了从花朵中萃取精油的蒸馏法。在此之前，人们使用的香水主要是碎香草或花瓣的混合物。相比之下，阿维森纳创造出的玫瑰精油更加精纯而纯净，价钱也相对低廉，他立刻将此方法传到欧洲和东亚。

### （四）美洲印第安人的香文化

在近代，欧洲文化进入之前的美洲的主要居民是印第安人，他们普遍相信自然界的一切都是神明的显现：地球是孕育人类的母亲，水、火、风、树木等都有神明的灵性，也是神明赐给人们的礼物。印第安人认为，可以当作香料燃烧的植物，是生长在天地之间，且在生长过程中被浇灌了治疗能力、智慧等，因此，当人们燃烧香料植物时，透过它们可以直接和天地间的神明沟通，或是带给人们健康平安与心灵平静。

印第安人的庆典上，巫师在唱诵和祈祷时会将香料与烟草混合，然后以一种管状的香器燃烧，向天空不同方向或土地礼拜，透过香烟，将人们的祈求与天上的神明联结。另外，在自我洁净的仪式中，香料也会被装在石头或贝壳做成的碗状香器中燃烧，在氤氲的香烟中，周围环境或人体内的污物被驱走。

## 二、海丝国家的香俗文化

海上丝绸之路自秦汉时期开通以来，一直是沟通东西方经济、文化交流的重要桥梁，其途经 100 多个国家和地区，成为中国与外国贸易往来和文化交流的海上大通道，并推动了沿线各国的共同发展。在海上丝绸之路贸易的货物中，香料占有重要的地位，以此衍生的香文化亦具有很高的文化价值。

## （一）古印度人的香文化

公元前 1500 年，古印度人在宗教仪式和个人生活中广泛使用由各种树脂和香木制成的熏香。熏香中使用的香料主要是安息香，此外也有肉桂、广藿香、甘松香、乳香等。

### 1.印度丰富的香资源

印度处于热带地区，加上水分充沛、土壤肥沃，非常适合各种香木、香花生长。印度人制作了大量能够长久保存的香水、香油或各种香粉，香品的产量相当丰富。印度的香料通过海陆贸易传播，成为许多人日常必备物品，影响力扩散至世界各地区。

### 2.印度人多样的用香方式

印度人在生活中经常使用各种香品、香料与新鲜香花来增加生活情趣，也在宗教仪式中使用香料供奉神明。例如，印度人用香木、香粉加水作为建筑房子的梁柱与墙壁；在身上佩戴新鲜香花；在食物中添加大量香料；甚至在人死亡之后将遗体放在香木上焚烧成灰。

在印度的庙宇中，人们每天焚烧香料和供奉新鲜香花。印度的用香传统大部分被保留在佛教仪式中，同时也影响了印度的传统药物。在印度的宗教典籍中记载了许多香料植物，这些香料不仅运用在宗教上，也是印度传统医学的常见药物。例如在印度常见的香料丁香、安息香、檀香、沉香等，也是印度人用来治疗疾病的药材。

## （二）古地中海地区的香文化

古希腊人把他们对香水的热爱传递到他们在地中海的殖民地，从近东到法国，再到西班牙海岸。古罗马人在征服西方世界的同时，也将他们对香水的狂热传递到帝国的边界。他们认为，在洗澡的过程中用香水浸泡身体，或者沐浴后用香水按摩肌肤，可保养肌肤，又有治斑点的功效。

### 1. 希腊地区的香文化

在公元前的漫长年代里，希腊人还不懂得在日常生活中使用乳香等香料，但是当时人们将动物作为祭品燃烧献给神明时，会在火中加入没药等香料，以产生令众人愉悦的香气。据记载，亚历山大大帝东征波斯帝国之后，带回大量异国的珍贵香料与香水。自此以后，希腊的贵族开始习惯在日常生活中使用香料熏衣，将香料洒在浴池中沐浴，或是使用香油按摩，在身上涂抹香水等。在古希腊社会中，身上带有芳香气味也逐渐被视为身份阶级的象征。

我们可以说，在公元 1 世纪左右，古希腊人已经在日常生活中广泛使用进口香料了。在古希腊的医疗史里，某些新鲜或经过干燥过的香草植物，很早就被用于镇静、止痛、治病或兴奋心神；同时，燃烧具有甜蜜气味的特定香料是当时治疗疾病的药方之一，也是使环境洁净芬芳、避免疾病发生的方法。

在使用方面，古希腊人认为美好的香味可以为众人及神明带来喜悦，更可以为人们带来神的祝福，因此他们在神殿举行宗教仪式时，会燃烧香木或树脂，用来驱除邪恶或供奉神明。古希腊人喜爱香料，几乎人人使用香水，他们用香料供奉神和有名望的死者；把香料浸入食物和酒中，使葡萄酒带有蔷薇花或紫罗兰的香气；用浸过香料的衣棚收藏衣服。热爱芳香的希腊人狂热地从国外进口数量巨大的香精油，再以香料粉末与之混合，他们是地道的香水制造大师。泰奥弗拉斯托斯在他的著作中提到混合香料，也谈到其持久性、用料数量、添加顺序等，只是当时的香水与今天的香水还有较大的区别。

### 2. 罗马地区的香文化

那时的罗马人远比如今的奢侈，他们几乎在任何地方都使用香水，甚至有几个罗马皇帝会为他们的爱马使用香水，仆人们的身上也散发出藿香、牛至和甘松的香味。虽然罗马帝国后来逐渐从鼎盛走向衰微，但是香水却没有停下它的脚步。

罗马帝国时期，除了从阿拉伯等地区引进没药、乳香等香料外，也开始直接从印度进口各种香料。古罗马人最早主要从埃及等地取得香料，当航海技术逐渐改良，发展到可以从海外各地大量引进香料之后，香料便普遍运用在各种家庭生活、公众祭祀和对国王的崇奉活动中。

古罗马人在国力强盛时期建立了一个横跨欧、亚、非三洲的庞大帝国，他们将芳香油膏的使用习惯传播至帝国各处，也将香料大量运用在衣物、房屋、公共澡堂、庙宇等空间，这种在衣、食、住、行的生活用香与环境用香，借由罗马帝国军队与商人对版图的扩张传播到世界各地。

古罗马贵族的奢华生活和古希腊人相较，使用香料与香品的种类更为复杂多变，数量也令人咋舌。据说，在罗马帝国最富裕的时期，贵族会用象牙、大理石、玻璃等材料制作精美的容器，存储由乳香、没药、豆蔻、肉桂、蜂蜜等原料制成的香膏或香精，每天沐浴时将其加到汤池里；贵族们宴请宾客时，不仅在自家后院燃烧各种香料，还会在身上涂香，有的人甚至会在马、鸽子等动物身上喷满香水，然后任由它们自由走动或飞行，其经过的地方空气中便会充满香味；有些人甚至会在墙壁上刷一层香油，或将新鲜的花瓣洒在地板上，使整间屋子香气四溢。据记载，曾有一位罗马皇帝在宴客时将整座湖洒满香花，而且每天要在床上铺满香花才能入睡。从罗马帝国以后，香料渐渐成为平民也可以使用的日常生活用品，不再限于宗教场合或贵族园邸。

# 第八章　丝路文化中香料的地位与作用

　　"香"作为一种审美对象，有别于纯粹抽象的思辨范畴。从审美对象来讲，"香"相对于"美"是一个独立的审美范畴，它渗入日常生活，成为一种独特的审美对象。"香"是客观事物之香，源于自然物本身之香气。中国的"香"是日常生活中十分普遍的实物，融入了主体的生活，是形象具体的审美对象。

# 第一节　香料文化的审美取向功能

"香"作为客观事物的一种属性，首先，这种嗅觉带来的快感是直接的审美体验，并非理智思考的结果。其次，"香"作为一种审美对象，可以带给人愉悦的、舒缓的、和谐的主观体验，同时与人们的心理感受相统一，产生向善的情感。从某种程度上讲，这种审美体验具有超越功利的特征，是趋于向"善"的一种道德价值。此时，"香"与"美"联系在一起，与中国传统观念里的真善美是相通的。最后，从审美趣味方面看，人们对"香"的主观感受与主体的个性、兴趣、爱好、生活经验等密切相关，存在普遍的个性差异。

## 一、人类追求美的心理外显

汉代许慎在《说文解字》中写道："香，芳也。从黍从甘。"黍是一种谷物，与人们的生存息息相关。"香"的本义指谷物散发的芳香气味。后来，人们在祭祀中用到香，出现了祭祀的食物之香和祭祀时的熏香、焚香。随着香的发展，香品种类逐渐增多，"香"的含义有了更为深层和广泛的审美内涵。香带给人们美好的感官享受。中国在最早谈论审美感受时，就是从各种审美感官出发。许慎在《说文解字》中说："美，甘也，从羊从大。羊在六畜主给膳也，美与善同意。"宋代徐铉在注释《说文》时提出"羊大为美"的概念。羊大，味道鲜美，成为人们认识"美"的共识。因此，美起源于味觉，美感最初来源于最实在的味觉感官享受。孔子在齐国听到舜时的《韶》乐，陶醉在其中，三个月都吃不出肉味，曰："不图为乐之至于斯也。"这是音乐带给孔子的听觉上的感官愉悦。《孟子》曰："口之于味也，有同耆焉；耳之于声也，有同听焉；目之于色也，有同美焉。"说的正是美感产生于视觉。李泽厚在《美学三书》中说："中国古人讲的'美'——美的对象和审美的感受是离不开感性的。总注意美的感性的本质特征，而不把它归结于或统属于在纯抽象的思辨范畴或理性观念之下。""香"作为客观事物的一种属性，其本义指事物的气味。从给人的感官感受的角度来看，"黍稷馨香"和"羊大则美"两者都是通过感官感受给人以美感。较之于味觉，"香"更有可能引发超越感官感受的真正的美感；不同之处在于"香"通过调动人的嗅觉感官给人以美感。所以，嗅觉是人们对"香"的审美体验的主要途径。宋代是香文化发展的鼎盛时期，无论是香的制作还是有关香的研究著作，都得到空前的发展。香融入了人们的日常生活，给人们带来一种独特的审美体验。

## （一）"香"作为客观现实中的审美对象

人们对香气的审美来源于嗅觉的直接感受，不同于诗、音乐、绘画等专门的艺术美。古希腊哲学家柏拉图是西方理性主义美学的最大代表。他在《大希庇阿斯》中专门对艺术和其他感性事物的美进行了讨论，对美进行了一些分析，认为"美是视觉和听觉所产生的快感""美是有用""美就是有益的快感"等命题在逻辑上都不够圆满。他把美看作最高"理式"，认为"艺术模仿感性事物，感性事物又模仿'理式'，而'理式'是美的最后的也是最高的根源。"他的美论认为具体事物的美来源于或"分有"了理念的美，即"美自身"。"因为理念世界即本体世界是最真实的，而现实世界则是虚幻不实的，所以只存在于理念世界中的本体的美或美自身，才是真实的永恒的美，这种美是超越感官的真正理性之美；而现实世界的感官直接把握到的美则是虚幻不实，由此引起的快感并非真正的美感。"柏拉图将美定义为"理式"，是对感性事物感官审美的一种否定。他还指出，在审美的过程中要"凝神观照"，不能沾染感性形象，这才是最高的美感。柏拉图将美感推向形而上学的抽象领域。相比之下，"香"给人带来的美感更具体可感。柏拉图将美建造在一个客观唯心主义的王国中，是以理念理性本体论为基础的，是离开具体的客观现实来探讨的。柳永词中的"香"关乎的是客观现实中事物。如《受恩深》："雅致装庭宇。黄花开淡泞。细香明艳尽天与。"就是赞叹菊花淡淡的香气，别致典雅。《应天长》："绽金蕊，嫩香堪折。聚宴处，落帽风流，未饶前哲。"这里的"嫩香"也是指花香。《洞仙歌》："淑气散幽香，满蕙兰汀渚。"其中的"幽香"则是指春天万物复苏散发的香气。可见，"香"作为一种审美对象首先是客观实在的事物，不是纯抽象的理念。人们对香的审美建立在香药、香品、香具等广泛使用的基础上，是从现实的感性经验出发。

### （二）嗅觉器官作为"香"的审美感官

中国古人在对"香"意象的审美关照时，调动了感官——人的嗅觉器官。因此，也可以说这种美感来源于嗅觉感知。香气的作用不仅涉及嗅觉，还涉及心理、生理等其他领域。天然香气给人带来舒缓、放松、和谐、沉静等体验。

就心理效应而言，香气可以让人产生"愉悦""感动"等微妙的身心体验。柳永的词中诸多"香"的意象都是借助于嗅觉。例如《柳初新》："遍九陌、相将游冶。骤香尘、宝鞍骄马。"《迎新春》："遍九陌，罗绮香风微度。十里然绛树。鳌山耸，喧天箫鼓。"《两同心》："花光媚，春醉琼楼，蟾彩迥，夜游香陌。"《女冠子》："想佳期，容易成辜负。共人人，同上画楼斟香醑。恨花无主。"其中的"香尘""香陌""香醑"等不仅是词人在选取审美意象时的一种情感表达，还是词人一种嗅觉感官体验。

亚里士多德在其著名美学著作——《诗学》中对美的界定也主要从事物的构成是否和谐融洽出发。他提出美的主要形式是"秩序、匀称和明确"。这种和谐融洽的有机统一的理论对后来美学家产生了重要影响。例如，中世纪的阿奎纳进一步认为美感源于形式和谐、鲜明和完整，"凡是一眼见到就使人愉悦的东西就是美的"。强调美的形式，美感来源于视觉感官体验。

　　黑格尔在论各门艺术分类时提出感觉是艺术作品获得存在的定性，而感觉又可分为触觉、嗅觉、味觉、听觉和视觉。但在这五种感觉中，嗅觉、触觉和味觉被黑格尔排除在作为艺术审美的感官之外。他认为："一件艺术品不可以被味觉所接受，因为味觉不让它的对象保持独立自由，而是对它采取实际行动，要消灭它，吃掉它。艺术品应该凭借它的独立的客观的形象来供人关照，虽然它是为人而存在的，但它为人而存在的方式是认识性和理智性的而非实践性的，也就是说，它与欲念和意志不发生关系。"至于嗅觉，为何也不是艺术欣赏的器官呢？黑格尔是这样认为的："因为事物只有本身在变化过程中，在受空气的影响而发散中，才能成为嗅觉的对象。"由此可以看出，嗅觉之所以没有被列入审美感官的一个主要原因是嗅觉的对象是不断分解的，它在审美的过程中不能保持始终如一的状态。

　　黑格尔也说："艺术的感性事物只涉及视听两个认识性的感觉，至于嗅觉、味觉和触觉则完全与艺术欣赏无关。"黑格尔认为感性事物会以形色和声音等面貌从外在给人们的心灵以影响。黑格尔认为视觉和听觉才是人们的审美感官，感性事物的形状和声音要满足人们的心灵旨趣，它们有力量从人的心灵深处唤起反应和回响。这种东西是经过心灵化的，而心灵的东西也借着感性化而显现出来。而嗅觉只涉及单纯的物质和它的可直接用感官接触的性质，嗅觉只涉及空气中的物质，对主体而言，嗅觉只发生单纯的感官关系，无关乎艺术审美。

　　可以看出，黑格尔的这种分类方式主要来源于事物形式美学思想。视觉作为一种审美的感官器官备受西方美学家青睐，而嗅觉这一感官被排除在西方美学视野之外。人有各种各样的感觉器官，用于感知各种各样的事物。但同时，人是一个有机的生命体，各个感觉器官虽有分工，但是它们之间并不是相互割裂、互不相通的。一种感官的变化会引起其他感官的变化，它们之间是相互协作、相互影响和沟通的，各种感觉的沟通现象就是通感。人们在审美活动中处于一种高度兴奋的活跃状态，整个人全身心地投入对象中。在对"香"的审美体验中，嗅觉会向其他感官方向衍射和转化。"嗅觉意象并不一定都是对外界事物固有属性、特征的描摹。由于诗人主体感受、情绪的映照、浸染，本来没有气味的物体，也会在诗人笔下散发出醉人的气味。张籍《晚春过崔驸马东园》：'竹香新雨后，莺语落花中。'李白《宫中行乐词八首》：'柳色黄金嫩，梨花白雪香。'竹与白雪的香气都是诗人赋予的。它体现了诗人愉悦的心绪"。

　　柳永的《少年游·佳人巧笑值千金》："几回饮散，灯残香暖，好事尽鸳衾。"《浪淘沙·梦觉》："几度饮散歌阑，香暖鸳鸯被，岂暂时疏散，费伊心力。""香暖"由嗅觉转向触觉。"御炉香袭""马摇金辔破香尘""赤霜袍烂飘香雾"等均是视觉向嗅觉方向的衍射。烟雾、尘土是在视觉感官下的事物，"香"把本来是视觉的审美和嗅觉沟通起来，使人得到更好的审美感受，这是利用了通感的结果。"把各种感觉融汇沟通起来，但并不是说沟通融贯就可以取消各个感官自己独立的审美感受。各个感官的交汇可以产生一种独特的审美感受"。从审美体验的结果看，人们在感受"香"时，能得到舒适、和谐、安宁之感，从而达到养生养性的目的。

　　香气不仅芬芳怡人，还能祛秽致洁、安和身心、调和情志。中国古人习惯把君子比作兰，认为一个道德高尚的人如同兰一样高洁馨香。情操高尚的人死后有"流芳百世"的说法。"香"是一个人健康与德行的象征。人们对香的向往，也正是一种对健康、德行、幸福的追求。可见，对香的审美体验中，不仅要有感觉和情感、想象等感官活动，还包含着理解、领会活动；不仅是一种感性的活动，在审美的感性形象和身心愉悦中还蕴含了某种理性的理解和思考。香在人们的日常生活中，既有审美的功能，又包含着审美之外的其他作用。香中阁老——沉香，除了审美效用之外，在香药中还能调节各种香药的药性。"常温下的沉香香气淡雅，熏烧时则浓郁、清凉、醇厚，而且历久不散"。"沉香是一味重要的香药，有其他香药难以替代的作用。它虽产于南方湿热地区，但并无辛腥之气，反而清凉、温和、典雅，传统香中许多高档香品都喜用沉香"。檀香是制作熏香的重要香药，还是一味重要的药材，历来为医家所重视，具有理气和胃、安和心智、改善睡眠等功效。此外，还有龙涎香、龙脑香、麝香、丁香、安息香等，每种香药都有各自的价值和用途。可见，人们用香的原则是趋利避害，要能陶冶性情，使身心受益。用香气养性发掘了香气在日常生活中的价值，也强调香气对人身心的滋养。这一观念对文人重视用香影响很大。儒家讲究"养德尽性"。《荀子》曰："刍豢稻粱，五味调香，所以养口也；椒兰芬苾，所以养鼻也……故礼者养也。"古代文人用香，不只是享受芬芳，更是用香以正心养神。从某种意义上讲，香在满足人们的心灵旨趣的同时，可以唤起人们心灵的回应。

## 二、文人骚客内敛的风雅气质

整个文人阶层都广泛用香，从而带动了全社会的用香风气。从魏晋时期流行熏衣开始，文人们把用香视为风习，把爱香当作美名，唐宋以后风潮更胜。对宋元明清的文人来说，香已成为生活中一个必不可少的部分。

### （一）文人与香

香文化的流传离不开中国的文人墨客，正是由于文人墨客的咏叹，香文化才得以从宫廷走向民间。

#### 1. 爱香

在春秋战国时期，对香草香木描绘最多的文学作品当属屈原的《离骚》。屈原在他的作品中将香草比喻为品行高洁的人。汉代王逸在《离骚》序中说："《离骚》之文江，依《诗》取兴，引类譬喻，故善鸟、香草以配忠贞。"东汉蔡邕的《琴操》记载，相传孔子在从卫国返回鲁的途中，于幽谷之中见香兰独茂，不禁喟叹："兰，当为王者香，今乃独茂，与众草为伍！"于是停车抚琴，成《漪兰》之曲。虽然在春秋战国时期，南海的木本香料尚未传入北方，所用仅指兰、惠、椒、桂等香草香木，但文人对香的情感态度也得到了清晰的展示。此后，文人们沿袭了这个传统，喜欢用兰花比喻贤人。《楚辞·招魂》曰："结撰至思，兰芳假些。"王逸注释说："兰芳，以喻贤人。"与兰相关的比喻高洁情趣的词汇比比皆是。所谓"兰芝"，是将兰草与灵芝并提，比喻高雅的情趣。欧阳修的《答吕公著见赠》云："四时花与竹，樽俎动可随。况与贤者同，薰然袭兰芝。"

《广志》中记载，曹操常用蘼芜等作为香衣之品。当时，迷迭香刚从大秦国经西域传入，宫中将它移植于庭院，魏文帝曹丕还专作《迷迭香赋》："播西都之丽草兮，应青春而凝晖。流翠叶于纤柯兮，结微根于丹墀。信繁华之速实兮，弗见凋于严霜。芳莫秋之幽兰兮，丽昆仑之芝英。既经时而收采兮，遂幽杀以增芳。去枝叶而特御兮，入绡縠之雾裳。附玉体以行止兮，顺微风而舒光。"

在文人之间也常常互赠香品，或求索香药。古代文人对香草的这种高度的肯定，确定了香的文化品位，同时也把香纳入了日常生活的范畴，而没有使它局限在祭祀、宗教之中，这对香文化的普及与发展都是至关重要的。出于对香的喜爱，文人们广泛参与香品、香具的制作和焚香方法的改善。许多文人都是制香高手，如王维、李商隐、傅咸、傅元、黄庭坚、朱熹、苏轼。苏轼即有《子由生日以檀香观音像及新合印香银篆盘为寿》的记录。仅文人们配制的"梅花香"配方，流传至今的就有43种，"龙涎香"则有30余种。

从苏轼出神入化的咏叹，到《红楼梦》丰富细致的描述，这一时期文艺作品对香的描写可谓俯拾皆是。从苏轼、曾巩、黄庭坚、陈去非、邵康节、朱熹、丁渭等人写香的诗文中可以看出，香不仅融入了文人的生活，还有相当高的品位。古代文人焚香，必在深房幽室之中，香室以透气不透风为宜。香炉中的炭火要尽量燃得慢，火势低微而久久不灭。香不及火，舒缓而无烟燥气，却有香风袅袅，低回悠长。焚香和品茗一样，需要静心，需要体会。

## 2. 用香

古代文人雅士将焚香与烹茶、插花、挂画并列为四艺，足见香文化在文人心目中的地位。文人们对香的喜爱，蕴含着一种特殊的情趣和意境。杨庭秀在《焚香诗》中说："琢瓷作鼎碧于水，削银为叶轻如纸。不文不武火力匀，闭阁下帘风不起。诗人自炷古龙涎，但令有香不见烟。素馨忽开抹利拆，低处龙麝和沉檀。平生饱识山林味，不奈此香殊斌媚。呼儿急取烝木犀，却作书生真富贵。"这首诗表达的文人对香的意蕴的体会可谓入木三分。

在文人的生活中，香不单单是芳香之物，更成为怡情、审美、启迪性灵的妙物。例如苏轼的《和黄鲁直烧香二首》："四句烧香偈子，随香遍满东南。不是闻思所及，且令鼻观先参。万卷明窗小字，眼花只有斓斑。一炷烟消火冷，半生身老心闲。"

历史上有许多写香的诗文传世，如罗隐的《香》："沈水良材食柏珍，博山烟暖玉楼春。怜君亦是无端物，贪作馨香忘却身。"文人在描述高雅生活的时候，常常将香纳入其中。宋代张元幹的《花心动·七夕》中有："绮罗人散金猊冷，醉魂到，华胥深处。"著名女词人李清照写自己的生活时也常常提到香，她在《凤凰台上忆吹箫》里写道："香冷金猊，被翻红浪，起来慵自梳头。"在《醉花阴》里写道："薄雾浓云愁永昼，瑞脑消金兽。"除了李清照，周紫芝的《鹧鸪天》里也有"调宝瑟，拨金猊，那时同唱鹧鸪词"；徐伸的《二郎神》中有"漫试著春衫，还思纤手，熏彻金猊烬冷"。词中的"金猊""金兽"都是熏香的器具，词中所写的闺闱绣房、围炉熏香、剪灯夜话，就是古代士人生活的真实写照。古诗词中暗香浮动，香的感官享受被赋予了超凡脱俗的美感。

唐人诗词中喜欢描写女性"试香"的情景，"几度试香纤手暖，一回尝酒绛唇光"便应其景。香丸一旦焚起来，还须加以持护。烟若烈，则香味散开，顷刻而灭，所以需不时以手试火气紧慢。在文人的心中，焚香和品茗一样，需要静心，需要体会。古代文人的"香席"要求"净心契道，品评审美，励志翰文，调和身心"。焚香的过程虽烦琐，但却是一种绝妙与纯粹的享受。闻香、品香需要深厚的功底和品位，所以不能交给僮仆去做，而应由主人亲自为之。

此外，在文人眼中，香还有另外一些风雅的用途，如用于藏书、制墨。《典略》上有"芸台香辟蠹鱼"的记载，所以古代藏书室有"芸台"的雅称。明代屠隆在《考盘余事·书笺》中记载："藏书于未梅雨之前，晒取极燥，入柜中以纸糊门，外及小缝，令不通风，盖蒸汽自外而入也，纳芸香麝香樟脑可以辟蠹。"古代文人多喜欢用丁香、檀香、麝香等改善墨的气味。宋代苏易简的《文房四谱》中记载了南朝梁代冀公制墨的配方："松烟二两，丁香、麝香、干漆各少许，以胶水漫作挺，火烟上熏之，一月可使。"《墨志》记载："吴叔大以桐油、胶、碎金、麝香为料，捣一万杵，而使墨光似漆，坚致如玉，因以扬名。"《清异录》记载："韩熙载当心翰墨四方胶煤多不如意，延歙匠朱逢于书馆制墨供用，名麝香月，又名元中子。"《李孝美墨谱》记载了欧阳通每书其墨必古松之烟末以麝香方下笔。

明代屠隆在《考盘余事·香笺》中总结："香之为用，其利最溥。物外高隐，坐语道德，焚之可以清心悦神。四更残月，兴味萧骚，焚之可以畅怀舒啸。晴窗塌帖，挥尘闲吟，温灯夜读，焚以远辟睡魔。谓古伴月可也。红袖在侧，秘语谈私，执手拥炉，焚以熏心热意。谓古助情可也。坐雨闭窗，午睡初足，就案学书，啜茗味淡，一炉初热，香霭馥馥撩人。更宜醉筵醒客，皓月清宵，冰弦曳指，长啸空楼，苍山极目，未残炉热，香雾隐隐绕帘。又可祛邪辟秽，随其所适，无施不可。"这可谓是对文人"香情结"的精辟论述。

古代文人不仅用香，还要用出情趣来，用出意境来，用出学问来。晚唐以来深受文人喜爱的印香（香粉回环往复如篆字）即被赋予了丰富的诗意与哲理。欧阳修有"愁肠恰似沈香篆，千回万转萦还断"；苏轼有

"一灯如萤起微焚，何时度惊缪篆纹"；辛弃疾有"心似风吹香篆过，也无灰"；王沂孙有"汛远槎风，梦深薇露，化作断魂心字"。

程序烦琐但没有烟气的"隔火熏香"也很受青睐。如李商隐的《烧香曲》："八蚕茧绵小分炷，兽焰微红隔云母。"文征明的《焚香》："银叶荧荧宿火明，碧烟不动水沉清。"杨万里的《烧香七言》："琢瓷作鼎碧于水，削银为叶轻如纸……诗人自炷古龙涎，但令有香不见烟。"

历史上也流传着许多文人用香的轶事。同是焚香，却风格各异，可谓烧出了个性，烧出了特色。韩熙载喜对花焚香，花不同，香亦有别："木樨宜龙脑，酴醿宜沉水，兰宜四绝，含笑宜麝，蘑卜宜檀。"徐铉喜月下焚香，常于月明之夜在庭院中焚烧自己制作的"伴月香"。蔡京喜"无火之香"（放香），常先在一侧房间焚香，香浓之后再卷起帘幕，便有香云飘涌而来，如此则烟火气淡，亦有气势。

除了熏烧的香，香药在文人生活中也有许多妙用，书中置芸香草以辟虫（或熏烧芸香），有了香书；以麝香、丁香等入墨，有了香墨；以沉香树皮做纸，有了香纸（蜜香纸、香皮纸）；以龙脑香入茶，有了香茶；等等。可以说，香在古代文人心中享有很高的地位。陈继儒曾言："香令人幽，酒令人远，石令人隽，琴令人寂，茶令人爽，竹令人冷，月令人孤，棋令人闲，杖令人轻，水令人空，雪令人旷，剑令人悲，蒲团令人枯，美人令人怜，僧令人淡，花令人韵，金石鼎彝令人古"（《太平清话》）。

### 3. 赏香

文人对香文化的贡献，还在于一个特殊的传说——香女。战国时期的著名哲学家庄子，曾在其著名的《逍遥游》中描述过一个神女："藐姑射之山，有神人居焉；肌肤若冰雪，淖约若处子；不食五谷，吸风饮露；乘云气，御飞龙，而游乎四海之外。"这是后来中国传统文化中描述美人的一个标准用语。这里并没有具体描述其相貌，而是形容了这个神女的肌肤（若冰雪）、形态（柔美），更重要的是说到了其"不食五谷，吸风饮露"，正是所谓的不食人间烟火。中国古代传统的审美情趣正在于此。真正的美女不仅是容貌美丽，更在于其与人间的区别。事实上，美女之美，并不仅仅取决于容貌，更在于体香、气质。因为美女不应该仅凭借视觉判定，还有触觉、嗅觉的作用，所以美女也可称为香女。

古代最著名的香型美女首推西施。西施是春秋时期越国的美女。史书记载，西施的身体具有一种特殊的体香，据《琅嬛记》记载："西施举体有异香，每沐浴竟，宫人争取其水，积之罂瓮，用松枝洒于帷幄，满室俱香。瓮中积久，下有浊渣，凝结如膏。宫人取以晒干，香逾于水，谓之沈水，制锦囊盛之，佩于宝袜。交趾密香树，水沈者曰沈水。亦因此借名。"这是一种十分夸张的说法。不过，西施身上有特殊的香味始终是历代文人们津津乐道的话题。唐代诗人李白有诗云："美人在时花满堂，美人去后花馀床。床中绣被卷不寝，至今三载闻余香。"王维曾作《西施咏》："艳色天下重，西施宁久微。朝为越溪女，暮作吴宫妃。贱日岂殊众，贵来方悟稀。邀人傅香粉，不自著罗衣。君宠益娇态，君怜无是非。当时浣纱伴，莫得同车归。持谢邻家子，效颦安可希。"另外一位跟香有关的美女则是生香有术的薛瑶英，为唐朝宰相元载之妾。她因自幼服食花粉做成的"内服美容丸"，笑语生香，称之"香珠"。传说她仙姿玉质，肌香体轻，不胜重衣，其轻盈之态犹胜赵飞燕。诗人贾至作诗赞曰："舞怯铢衣重，笑疑桃脸开。方知汉成帝，虚筑避风台。"

传说，三国时期吴主孙亮某宠姬体有异香，历年弥盛，浣百遍不歇，名曰"百濯香"；汉元帝时王昭君"临水而居，恒于溪中盥手，溪水尽香，今名香溪"；晋代葛洪《抱朴子》中曾记述南阳郦县山中有因花粉堕入水中的"甘谷"，妇女饮用能祛病美容；唐代张泌《妆楼记》、刘恂《岭表录异》中均记述了晋代句州双角山下有口"美人井"，因松花粉等飘散井中，故井边人家多美女，西晋石崇不惜重金购得的美女绿珠即出于此地；楚莲香是唐朝美女，《开元天宝遗事》有"都下名妓楚莲香，国色无双，每出则蜂蝶相随，慕其香也"的记载。

## 4. 制香

许多喜欢香的文人还收集、研制香方，采置香药，配药合香，制作出得意的香品时也常呼朋唤友，一同品评比试。仅文人配制的梅花香流传至今的就不下 50 种。许多人堪称合香高手，如范晔、徐铉、苏轼、黄庭坚、范成大、高濂等。香药、香品、香具等也是文人常用的赠物。

东汉诗人秦嘉曾向妻子徐淑寄赠"明镜、宝钗、好香（指香药）、素琴"，并有书信记之。秦嘉书言："明镜可以鉴形，宝钗可以耀首，芳香可以馥身，素琴可以娱耳。"徐淑书言："素琴之作，当须君归。明镜之鉴，当待君还。未奉光仪，则宝钗不列也。未侍帷帐，则芳香不发也。"《归田录》记载，欧阳修为感谢蔡襄书《集古录目序》，赠之茶、笔等雅物。此后又有人送欧阳修一种熏香用的炭饼"清泉香饼"，蔡襄深感遗憾，认为若香饼早来，欧阳修必随茶、笔一同送来，遂有"香饼来迟"之叹。苏轼曾专门制作了一种印香（调配的香粉，可用模具框范成篆字或图案），还准备了制作印香的模具（银篆盘）以及檀香木雕刻的观音像送给苏辙作寿礼，并赠诗《子由生日以檀香观音像及新合印香银篆盘为寿》，诗句亦多写香。苏辙六十大寿时，苏转又赠其海南沉香（木）雕刻的假山及《沉香山子赋》。

黄庭坚也常制作香品寄赠友人。《山谷集·书小宗香》记载了其曾赠宗茂深喜用的"小宗香"香方（由沉香、苏合香等组成）并为香方作跋："南阳宗少文嘉遁江湖之间，援琴作金石弄，远山皆与之同声，其文献足以配古人。孙茂深亦有祖风，当时贵人欲与之游，不得，乃使陆探微画像挂壁观之。闻茂深闭阁焚香，作此香馈之。时谓少文大宗，茂深小宗，故传小宗香云。"

很多文人都有描写制香（合香）过程的诗文。例如，苏洵的《香》描述了用模具制作线香（取麝香、薇露、鸡舌香、苏合香等香药）："捣麝筛檀入范模，润分薇露合鸡苏。一丝吐出青烟细，半炷烧成玉筯粗。道士每占经次第，佳人惟验绣工夫。轩窗几席随宜用，不待高擎鹊尾炉。"

此诗也是关于线香制作的较早记录。陆游的《烧香》描述了用海南沉香、麝香、蜂蜜等合制熏香：“宝熏清夜起氤氲，寂寂中庭伴月痕。小斫海沉非弄水，旋开山麝取当门。蜜房割处春方半，花露收时日未曦。安得故人同晤语，一灯相对看云屯？”“当门”指麝香。

古代文人也有大量香学著述，涉及香药性状、香方、制香、用香、品香等各个领域。例如，史学家、文学家范晔曾撰《和香方》，据初步考察，此书是目前所知最早的香方专书，正文已佚，但有自序留传。撰《香谱》的洪刍是江西诗派的知名诗人，与兄弟洪朋、洪炎、洪羽并称“四洪”。撰《名香谱》的叶廷珪、撰《香史》的颜博文也是宋代知名诗人与词人。撰《香乘》的周嘉胄也是明末知名文士，所著《装潢志》也是书画装裱方面的重要著作。还有许多文人，虽无香学专书，却也对香和香药颇有研究，在其文章或著作的有关章节留有各种记述。例如，对于传统香的重要香药——沉香（清凉性温，能调和各种香药，合香多用），宋代文人即有丰富的阐述。范成大《桂海虞衡志·志香》有：“沈水香，上品出海南黎洞……大抵海南香气皆清淑如莲花、梅英、鹅梨、蜜脾之类，焚香一博投许，氛翳弥室，翻之四面悉香，至煤烬气不焦，此海南香之辨也……中州人士但用广州船上、占城、真腊等香，近年又贵丁流眉来者，余试之乃不及海南中下品。”苏轼在《沉香山子赋》中亦论海南沉香：“方根尘之起灭，常颠倒其天君。每求似于仿佛，或鼻劳而妄闻。独沉水为近正，可以配蒨卜而并云。矧儋崖之异产，实超然而不群。既金坚而玉润，亦鹤骨而龙筋。惟膏液之内足，故把握而兼斤。顾占城之枯朽，宜爨釜而燎蚊。宛彼小山，巉然可欣。如太华之倚天，象小孤之插云。往寿子之生朝，以写我之老勤。子方面壁以终日，岂亦归田而自耘。幸置此于几席，养幽芳于悦纷。无一往之发烈，有无穷之氤氲。”

### 5. 咏香

不知是香的美妙吸引了中国的文人，还是因为有了文人的才思与智慧，香才变得如此美妙。总之，古代文人大都爱香，香与中国的文人似乎有种不解之缘。约从魏晋开始，文人便有了香这样一位雅士相伴。唐宋时期，香便已完全融入了文人的生活，此后风气长盛，至明清不衰。读书以香为友，独处以香为伴；书画会友，以香增其儒雅；参安论道，以香致其灵慧；衣需香熏，被需香暖；调弦抚琴，清香一炷可佐其心而导其韵；幽窗破寂，绣阁助欢，香云一炉可畅其神而助兴；书房有香，卧室有香，灯前有香，月下有香；伴读香、伴月香、花香、柏子香、隔火之香、印篆之香、沉香、檀香、甲香、芸香，更有合香练香、赠香寄香、惜香翻香、烧香销香、炉烟、篆龙烟、香墨、香纸、香茶等。确实是书香难分，难怪明人周嘉胄叹曰："香之为用，大矣。"

古代文人也留有大量咏香或涉香的诗文，亦多名家作品，可笔下博山常暖，心中香火不衰，千年走来正是中国香文化的壮丽写照。

《尚书》："至治馨香，感于神明；黍稷非馨，明德惟馨。"

《荀子》："椒兰芬苾，所以养鼻也。"

《离骚》："扈江离与辟芷兮，纫秋兰以为佩。"

《汉书》："薰以香自烧，膏以明自销。"

徐淑："未奉光仪，则宝钗不列也；未侍帷帐，则芳香不发也。"

曹植："御巾裹粉君傍，中有霍纳都梁，鸡舌五味杂香。"

傅玄："香烧日有歇，环沉日自深。"

范晔："麝本多忌，过分必害；沉实易和，盈斤无伤。"

谢惠连："燎熏炉兮炳明烛，酌桂酒兮扬清曲。"

江淹："同琼佩之晨照，共金炉之夕香。"

萧统："爨松柏之火，焚兰麝之芳；荧荧内曜，芬芬外扬。"

杜甫："朝罢香烟携满袖，诗成珠玉在挥毫。"

杜甫："雷声忽送千峰雨，花气浑如百和香。"

李白："盛气光引炉烟，素草寒生玉佩。"

白居易："闲吟四句偈，静对一炉香。"

李商隐："春心莫共花争发，一寸相思一寸灰。"

李璟："夜寒不去梦难成，炉香烟冷自亭亭。"

李煜："烛明香暗画堂深，满鬓清霜残雪思难任。"

晏殊："翠叶藏莺，朱帘隔燕，炉香静逐游丝转。"

欧阳修："沈麝不烧金鸭冷，笼月照梨花。"

曾巩："沉烟细细临黄卷，凝在香烟最上头。"

晏几道："御纱新制石榴裙，沉香慢火熏。"

苏轼："金炉犹暖麝煤残，惜香更把宝钗翻。"

辛弃疾："记得同烧此夜香，人在回廊，月在回廊。"

李清照："薄雾浓云愁永昼，瑞脑销金兽。"

陆游："一寸丹心幸无愧，庭空月白夜烧香。"

蒋捷："何日归家洗客袍？银字笙调，心字香烧。"

马致远："花满蹊酒满壶，风满帘香满炉。"

文征明："银叶荧荧宿火明，碧烟不动水沉清。"

徐渭："午坐焚香枉连岁，香烟妙赏始今朝。"

纳兰性德："轻风吹到胆瓶梅，心字已成灰。"

曹雪芹："窗明麝月开宫镜，室霭檀云品御香。"

席佩兰："绿衣捧砚催题卷，红袖添香伴读书。"

古代文人和诗也常以香为题，如曹丕曾在宫中引种迷迭香，邀曹植、王粲等人同赏并以《迷迭香》为题作赋。曹丕有"随回风以摇动兮，吐芳气之穆清"；曹植有"播西都之丽草兮，应青春而凝晖""信繁华之速实兮，弗见凋于严霜"（迷迭香为小灌木，其匍匐品种植株低矮，自西域传入，亦耐寒）。南朝刘绘曾有《博山香炉》："参差郁佳丽，合沓纷可怜。蔽亏千种树，出没万重山……寒虫悲夜室，秋云没晓天。"沈约和之《和刘雍州绘博山香炉》："范金诚可则，摛思必良工。凝芳自朱燎，先铸首山铜……百和清夜吐，兰烟四面充。如彼崇朝气，触石绕华嵩。"

杜甫、王维、岑参曾和贾至《早朝大明宫》，贾、杜、王诗都写了朝堂熏香。贾至原诗有"剑佩声随玉墀步，衣冠身惹御炉香"；杜甫有"朝罢香烟携满袖,诗成珠玉在挥毫";王维有"日色才临仙掌动,香烟欲傍衮龙浮"。黄庭坚曾以他人所赠"江南帐中香"为题作诗赠苏轼:"百链香螺沈水,宝薰近出江南。一穟黄云绕几,深禅想对同参。"苏轼和之:"四句烧香偈子,随香遍满东南;不是闻思所及,且令鼻观先参。万卷明窗小字,眼花只有斓斑;一炷烟消火冷,半生身老心闲。"黄庭坚复答:"迎笑天香满袖,喜公新赴朝参","一炷烟中得意,九衢尘里偷闲"。

宋末元初,南宋皇陵遭毁辱,王沂孙、周密等文人曾结社填词,以《龙涎香》为题作词,托江山沦亡之悲。王沂孙有:"孤峤蟠烟,层涛蜕月,骊宫夜采铅水。讯远槎风,梦深薇露,化作断魂心字……一缕萦帘翠影,依稀海天云气……荀令如今顿老,总忘却,樽前旧风味。谩惜余熏,空篝素被。"

历史上的许多脍炙人口的名篇也写到了香,如李商隐的《无题》有:"飒飒东风细雨来,芙蓉塘外有轻雷。金蟾啮锁烧香入,玉虎牵丝汲井回。贾氏窥帘韩掾少,宓妃留枕魏王才。春心莫共花争发,一寸相思一寸灰!"其中,"金蟾"指兽形香炉,"灰"指香灰。李清照的《醉花阴》:"薄雾浓云愁永昼,瑞脑消金兽。佳节又重阳,玉枕纱厨,半夜凉初透。东篱把酒黄昏后,有暗香盈袖。莫道不销魂,帘卷西风,人比黄花瘦。"其中,"瑞脑"指龙脑香,"金兽"指兽形(铜)香炉。李清照的《凤凰台上忆吹箫》有:"香冷金猊,被翻红浪,起来慵自梳头。任宝奁尘满……念武陵人远,烟锁秦楼。"其中,"金猊"指狻猊状(铜)香炉。蒋捷的《一剪梅》有:"一片春愁待酒浇。江上舟摇,楼上帘招。秋娘渡与泰娘桥,风又飘飘,雨又萧萧。何日归家洗客袍?银字笙调,心字香烧。流光容易把人抛,红了樱桃,绿了芭蕉。"其中,"心字香"指盘曲如篆字"心"的印香。古代还有很多专咏焚香、香烟、香品(印香、线香等)、香药(迷迭香、郁金、芸香等)、香具(香炉、薰球等)的作品,如刘向的《熏炉铭》、傅玄的《郁金赋》、傅成的《芸香赋》、萧统的《咏铜博山香炉》、元稹的《香球》、苏洵的《香》(线香)、黄庭坚的《宝熏》、陈与义的《焚香》、瞿佑的《香印》（写印香）等。

几千年来的屡屡馨香，始终如无声的春雨一样滋润熏蒸着历代文人的心灵，而中国的哲学与艺术也向来有种"博山虽冷香犹存"的使人参之不尽、悟之更深的内涵，其中或许也有香的一份贡献吧。近代以来，香渐渐退出了人们的日常生活，不过，香与文人的缘分似乎从来没有真正断绝过。至今在许多人的书房中，仍能看到雅致的香炉和静静飘散的香烟。但是，现在对传统文化的探讨已很少涉及香与文人的关系，若能就此进行深入研究，也将大大有助于对中国文化的领悟。

### 6. 助香

在先秦时期，香文化尚在萌芽状态，当时所用虽仅兰、蕙、椒、桂等品类有限的香草香木，但君子士大夫们亲之近之的态度已有清晰的展示，可见于《诗经》《尚书》《礼记》《仪礼》《周礼》《论语》《孟子》《荀子》《楚辞》等诸多典籍。

西汉时，香文化有了跃进性的发展。就其表现而言，以汉武帝为代表的王公贵族盛行熏香，带动了熏香及熏炉的普及，对香文化贡献甚大。就其理念而言，先秦形成的香气养性的观念发挥了主导作用。西汉的许多诗赋也已写到熏香，如汉初司马相如的《美人赋》："金鉔熏香，黼帐低垂。"西汉的博山炉也有刘向撰写的铭文："上贯太华，承以铜盘；中有兰绮，朱火青烟。"

东汉中后期，熏香已在部分文人中有所流行。此间涌现出一批优秀的乐府诗及贴近生活的散文，成为魏晋文学"觉醒"的先声，其中就有关于香的佳作，如汉诗名篇《四坐且莫喧》即写博山炉；散文名篇——秦嘉、徐淑夫妇的往还书信，亦载有寄赠香药、熏香辟秽之事。

魏晋南北朝时，用香风气在文人间十分兴盛，有许多人从香药品种、产地、性能、制香、香方等各个方面来研究香，还写出了制香的专著（如范晔的《和香方》），也涌现出了一批咏香的"六朝文章"，数量众多，内容丰富，或写熏香的情致，或写熏炉、熏笼，或写迷迭香、芸香，托物言志，寄予情思，字里行间无不透露出对香的喜爱。

在唐代，整个文人阶层普遍用香，北宋之后风气更是大盛。焚香、制香、赠香、写香、咏香、以香会友，种种香事已成为文人生活中必不可少的内容。黄庭坚曾直言："天资喜文事，如我有香癖。"爱香之唐宋文人难以计数，文坛大家也比比皆是，如王维、李商隐、李煜、晏殊、晏几道、欧阳修、苏轼、黄庭坚、李清照、辛弃疾、陆游。他们描述香的诗词不仅是三五首，而是三五十首甚至上百首，并且佳作颇多。明清文人更将熏香视为雅事，"时之名士，所谓贫而必焚香，必啜茗"（《溉堂文集·坿斋记》）。

### 7. 以香养性

中国的香能千年兴盛并拥有丰富的文化内涵和高度的艺术品质，应归功于历代文人，而最能代表中国香文化整体特色的也是文人的香。文人士大夫们不仅视用香为雅事，更将香与香气视为濡养性灵之物，虽不可口食，却可颐养身心。修身养性、明理见性是传统文化的一个核心内容。儒家讲"养德尽性"，道家讲"修真炼性"，佛家讲"明心见性"，《中庸》言："唯天下至诚，为能尽其性；能尽其性，则能尽人之性；能尽人之性，则能尽物之性；能尽物之性，则可以赞天地之化育；则可以与天地参矣。"可见，"尽性"要从修身养心入手，不修养则难得气之清，则云遮雾障，理难明，难臻尽性之境。古代文人用香，不只是享受芬芳，更是用香以正心养神，故文人的香文化是一种讲究心性的文化，文人的香也是切近心性的香。

"古者以芸为香，以兰为芬，以郁鬯为裸，以脂萧为焚，以椒为涂，以蕙为熏"，不只是形式上的焚香，更加讲究香药选择与合香之法，要广罗香方，精心合香，"得之于药，制之于法，行之于文，成之于心"；不仅是芳香，更要讲究典雅、蕴藉、意境，所以有了"伴月香"，有了"香令人幽"，"香之恬雅者、香之温润者、香之高尚者"，其香品、香具、用香、咏香也多姿多彩、情趣盎然；还是"究心"的，讲究养护身心，颐养本性；也讲究心性的领悟，没有拘泥于香气，更没有一味地追求香品、香具的名贵。所以，有了陆游的"一寸丹心幸无愧，庭空月白夜烧香"；有了杨爵的"煅以烈火，腾为氤氲，上而不下，聚而不分，直冲霄汉，变为奇云"；有了杜甫的"心清闻妙香"；有了苏轼的"鼻观先参"；有了黄庭坚的"隐几香一炷，灵台湛空明"。它切近心性之时，也切近了日常的生活，虽是一种文人文化，却不是一种少数人的高高在上的贵族文化。

### （二）文坛轶事

文人以香气养性的传统，也代表了知识阶层与社会上层对香的肯定，为香确立了很高的品位并赋之以丰厚的内涵，从而大大推动了用香的发展和普及，并使香进入了日常的生活，没有局限在宗教祭祀的范畴；而且指明了香应有颐养身心的功用，引导了香的制作与使用。

#### 1. 秦嘉寄香传情

东汉桓帝时，诗人秦嘉在陇西郡为官，妻子徐淑有疾，为不拖累丈夫，便回母亲家养病。秦嘉因公务须远赴洛阳久居，临行前欲与妻子相见，便遣车去接徐淑。但徐淑未愈，未能随车而还，只得修书一封，言心中思念，并安慰丈夫且以京城繁华聊解别离之思："身非形影，何得动而辄俱。体非比目，何得同而不离。今适乐土，优游京邑，观王都之壮丽，察天下之珍妙，得无目玩意移，往而不能出耶。"

秦嘉又寄赠妻子明镜、宝钗、好香、素琴，并信言："间得此镜，既明且好……并宝钗一双，好香四种，素琴一张，常所自弹也。明镜可以鉴形，宝钗可以耀首，芳香可以馥身，素琴可以娱耳。"徐淑回信，言等待相见，情意动人："昔诗人有飞蓬之感，班婕妤有谁荣之叹，素琴之作，当须君归，明镜之鉴，当待君还。未奉光仪，则宝钗不列也；未侍帷帐，则芳香不发也。"徐淑又寄物品："分奉金错椀一枚，可以盛书水。琉璃碗一枚，可以服药酒。"

两人又互赠诗文及其他物品，秦嘉赶赴洛阳。后来，秦嘉不幸病逝，生离终成死别。徐淑惊闻噩耗，千里奔丧，此后不胜悲恸，不久也溘然长逝。唯余书信诗词，情动后人，余音千载。

## 2. 徐铉焚香伴月

徐铉是五代宋初时著名书法家、文字学家，南唐时曾任翰林学士、吏部尚书等职，后在宋朝为官，以学识渊博、通达古今闻名朝野。徐铉喜香，亦是制香高手，常在月明之夜于庭院中焚香，静心问学，还给这种香取了一个雅致的名字——伴月香。该香一直为后世文人所推崇，代代相传至今。

徐铉书法造诣深厚，笔笔中锋，端庄而不失风韵，透光观察则每一笔画正中都有一线隐现其中，如笔画之骨，绝无偏移。人们对书画家用笔所赞誉的"如能划沙、如屋漏痕"即始于人们对徐铉用笔的称道。有人问其奥妙，徐铉答曰："心正则笔正。"秦代三大刻石——《泰山刻石》《琅琊刻石》《峄山刻石》，到了宋代就因风雨剥蚀而字迹难辨，为抢救这一文化珍品，徐弦摹刻了《峄山刻石》碑。该碑现存于孟子故乡邹县。其所摹李斯《峄山刻石》，高古浑厚，成为后人学习秦小篆的首选范本，也是书学之珍品，颇具历史和书法研究价值。

## 3. 欧阳修香饼来迟

欧阳修在宋代文坛地位颇高，曾举荐了王安石、曾巩、苏洵、苏轼、苏辙等人，在金石学方面也很有成就，曾历时十余年整理了周代以后的金石器物和铭文碑刻，编成了一部著名的金石学专集——《集古录》。

成书后，欧阳修特意请大书法家蔡襄书写《集古录》的自序，并对蔡襄的字大加称赞："其字尤精劲，为世所珍。"又特意给蔡襄送去了鼠须笔、笔格、龙团茶、"惠山泉"（矿泉水）等作为"润笔"之物。这些典雅得体的礼品令蔡襄开怀大笑，欣然受之。月余后，有人给欧阳修送来一筐"清泉香饼"（熏香用的炭饼，用炭粉等料合制而成），品质甚好，一饼可燃一日。蔡襄知道后很是艳羡，叹道："可惜，香饼来迟了。若早点送给欧阳公，必转送于我，我也能多一个润笔之物啊！"

## 4. 蔡京香云滚滚

一日，有宾客来看望蔡京。蔡京令人焚香，侍者应声而去，此后却久久未见返回，客人感觉奇怪，还以为侍者忘了焚香之事。又过了许久，侍者终于回来了，却还是两手空空，未见香炉，却向蔡京回禀："已满。"蔡京言："放。"侍者又应声而去。随即，厅堂一侧的门帘卷起来，便有香云从帘后蓬勃而出，如云如雾，满室皆香。客人大为惊喜，蔡京则得意地说："如此烧香则没有烟火气。"另有版本为："如此烧香才有气势。"蔡京书法造诣甚高，流畅劲健，自成一家。

# 第二节 丝绸之路对香文化的影响

"香"作为一个特殊的文化领域，常常被传统文化研究者所忽视，或仅将其限于"香料"范畴。香料是香文化研究的物质基础，但香所蕴含的社会文化意义却非常丰富，几乎涉及所有传统文化门类。

## 一、促进香料流通及其文化交流

"一带一路"倡议提倡文化共享、文明互鉴、民心相通，而这正是古代丝路香文化的核心特征。在"一带一路"倡议的话语逻辑中重新审视海陆丝绸之路香文化的交流，有助于突破以往以香料为主的研究范式，开拓更为全面的香文化研究。

### （一）香文化与丝绸之路的关系

"香"作为一个特殊的文化领域，常常被传统文化研究者所忽视，或仅将其限于"香料"范畴。美国汉学家薛爱华（Edward Hetzel Schafer，1913—1991 年）的名著《撒马尔罕的金桃：唐代舶来品研究》（*The Golden Peaches of Samarkand: A Study of T'ang Exotics*）第十章论述了 16 种香料，在第十一章论述了若干种香药。他从舶来品的视角将香料同其他运输物品并置，从物质文化管窥唐代中西交往的这种研究思路在陆上丝绸之路、海上丝绸之路文化交往研究中比较盛行。而香文化的现有研究也大多是以香料为中心的，如余振东、傅京亮、严小青的著述。

香料是香文化研究的物质基础，但香所蕴含的社会文化意义却非常丰富，几乎涉及所有传统文化门类。仅就中国历代传世文献、出土文献而论，其中有关香的记述就汗牛充栋。诗歌散文中的"香文学"，仅条理性论述香文化的就涉及 300 种以上的古代文献。2017 年出版的《中国香文献集成》就收录了 269 种传世文献的香论。

谈到中国香文化乃至亚欧各国的香文化，就不能不提及欧亚海陆之间的交通网络。这个网络以横穿亚欧大陆腹地的陆上通道与连接西太平洋和印度洋的海上通道为核心。后者在印度被称为"香料之路"。这两条连通欧、亚、非三大洲的古代通道，大部分与今天中国提出的"丝绸之路经济带""21世纪海上丝绸之路"倡议所覆盖的区域相重合。"丝绸之路"在中国文化视角中也是"玉帛之路"；而"海上丝绸之路"在印度又被称为"香料之路"，由此可见，这条欧亚通道自古以来就具有多重文化属性。

## （二）志香：汉文古籍中"一带一路"香文化的流布

香是一种以芬芳嗅觉为核心的文化系统，其基本的文化意义在于通天、通神、通窍。在中国香文化的历史实践中，"香"已经从狭义的芬芳嗅觉感官文化拓展为精神层面的审美、哲学和信仰文化。在上古时代，东亚人群已经运用香料进行祭祀活动，福泉山良渚文化遗址就出土过熏炉。在《山海经》《诗经》《离骚》等先秦经典中，香草植物就屡屡成为文化意象，香的文化内涵贯穿于古代文化的脉络中。

在宏观的人类文明视野中，天然香料作为一种能引起人类普遍精神愉悦感的芬芳物质，虽然并非生存必需品，却始终伴随着人类历史进程，发展出了绚丽的香文化。一些香材，如胡椒、花椒成为地域性饮食民俗体系的必备食材；一些香料，如艾草成为地方医药体系的必需药物，沉香成为东亚各国文人的共同嗜好。多样的香文化在亚欧大陆各个区域之间流通、共享，深刻影响了海陆丝路区域的文明演进。著名的"佛教北传、南传""地理大发现"等背后都有香的影子。

中国古典文献中对香文化的论述，分为专门著述和零散著述两类。零散著述出现较早，历史跨度较大。这类著述在时间上可以追溯到古典神话中神农尝百草的口头传诵。而从实际存世的文献看，这类零散著述涉及经史子集、写本文献等各类典籍，虽然记述简略、零散，但范围很广，不容忽视。在专门著述中，以香诗、香论和医药著述为主。古代有许多以香为题材的诗歌作品，如江淹的《藿香颂》、李白的《赠宣城赵太守悦》、杜甫的《奉和贾至舍人早朝大明宫》、黄庭坚的《贾天锡惠宝熏乞诗作诗报之》、文征明的《焚香》。香论著述的代表作有范晔的《和香方·序》、郑玄注的《汉宫香方》、丁谓的《天香传》、沈立的《香谱》、范成大的《桂海虞衡志》、颜博文的《香史》等。医药专书有《雷公炮炙论》《神农本草经》《本草纲目》《滇南本草》《海药本草》《四部医典》等。

在这些文献中，有的涉及对"一带一路"区域的特定地域香料、香方的论述，如宋代范成大《桂海虞衡志》中的"志香"篇描述了广西静江府（今桂林地区）的数十种香料；清代檀萃的《滇海虞衡志》中的"志香"篇描述了大量云南的香植物，如檀香、水乳香、西木香、老柏香，尤其还对沉香进行了细致的划分。还有一类香药方文献，更是详细地记载了合香的方法，如敦煌文献中有《美容方书》《羊髓面脂久用香悦甚良方》，就是熏香美容一类的药方。敦煌是"一带一路"的枢纽重镇，也是东西方香文化交融荟萃之地，加上佛教传播的影响，敦煌文献、壁画中蕴含了丰富的香文化信息。仅莫高窟壁画中的香炉就已经是一个庞大的研究课题。

还有一些文献记载了生动的香文化细节，如《后汉书·贾琮传》记载："日交趾士多珍产，明玑、翠羽、犀、象、玳瑁、异香、美木之属，莫不自出。前后刺史率多无清行，上承权贵，下积私赂，财计盈给，辄复求见迁代。"这段记载呈现了汉代到交趾（今越南北部）任职的官员，在当地通过贪污贿赂或其他手段得到南洋奇香之后，又带着奇香到其他地方任职，用这些南洋珍品再次行贿。一方面表明汉代中国上层社会对香的热衷程度，另一方面也表明当时香的流通已经呈现出复杂的社会关系。

古代香文献中，有许多文献记载了"一带一路"区域中外香文化流通、互鉴的状况，其中最多的是香料的记录。鱼豢的《魏略·西戎传》记载大秦有："一微木、二苏合、狄提、迷迭、兜纳、白附子、薰陆、郁金、芸胶、薰草木十二种香。"范晔的《和香方·序》记载了"甘松、苏合、安息、郁金、奈多、和罗之属，并被珍于外国，无取于中土"。类似的文献还有宋代周去非的《岭外代答》中的"香门"篇，记载了南洋、大食、大秦等域外的香料。元代航海家汪大渊的《岛夷志略》也记载了许多南洋、西洋国家的香料。明代郑和航海船队成员巩珍的《西洋番国志》、马欢的《瀛涯胜览》和费信的《星槎胜览》也记载了郑和航海沿线国家的乳香、降真香、檀香、沉香、龙涎香等诸多香料。明代黄衷的《海语》详细记载了东南亚诸国的龙脑、石蜜、伽南香等香料。明代黄省曾的《西洋朝贡典录》则记载了占城、真腊、暹罗、锡兰的沉香、檀香、乳香等。这些对香料的记录除了描述香料本身的性状成色之外，还附带介绍了产地、流通状况。

古代典籍，尤其是航海家的记录充分说明了"一带一路"沿线香文化流通构成了一个庞大的网络，不仅欧洲、阿拉伯地区、中亚、印度、东南亚的香料、香文化输入了中国的边镇、港口，同时，中国的香文化也输出到了中亚、西亚、欧洲、日本等地。唐宋以后，日本香道（主要是御家流、志野流等）的兴盛就是香跨文化共享、互鉴的最好例证。

香的流通不仅仅是香料交易，更是志香文献、用香习俗、用香观念、香品鉴别、制香技术的大交流。可以说，香文化研究是"一带一路"区域文化研究的一个独特视角。不可忽视的是，香料、香方、香品不仅是古代贸易的大宗，同样也是今天"一带一路"沿线经济贸易的大宗。在整个"一带一路"区域，几乎所有沿线国家都有传统的、成体系的香文化，如阿拉伯国家的伊斯兰用香文化、欧洲的香水文化、东亚的熏香文化、南亚的食香文化。因此，"一带一路"话语中的香文化，是一个远远超出"香料"范畴的立体的文化门类。

### （三）"一带一路"活态香文化的民俗学阐述

"一带一路"沿线香文化交流的丰富内涵，体现为香文化在民俗生活中的活态性。香作为一种特殊的文化类别，在不同的文明中都有特殊的意义，并且渗入生活文化的各个领域。经过千年流通，香已经在"一带一路"沿线各个区域成为民众共享的嗅觉文化。

阿拉伯人将香水制作技艺发扬光大。香水（液体香）在日常生活、文艺娱乐中广泛运用。巴基斯坦、孟加拉国的国民则深谙南亚香料饮食文化的理念，发展了南亚特色的饮食文化。类似的例子不胜枚举，可见在"一带一路"区域香文化充满生命力，并且是"共享"的活态文化。

香的广泛流通，也是不同民族之间深度交往的缩影。塔吉克斯坦科学院历史、考古与人类学研究所研究员萨义穆洛德·波波穆洛耶夫介绍，在塔吉克斯坦考古中发现了公元 10 世纪来自和田的玻璃器皿壁上残存香水成分，主要是麝香和其他香料。同一时代的史料显示这是女性用的香水。塔吉克斯坦的民间歌谣中有"我心爱的姑娘，身上散发出好闻的和田香水的味道"。10 世纪左右，和田地区生活的是粟特人，他们有使用香水的习惯。这个考古发现还有许多未解之谜，比如和田的玻璃器皿从何而来？和田的麝香从何而来？和田地区加工香水的工艺从何而来？但可以看出，无论是 10 世纪和田地区的粟特人与帕米尔古代居民，还是今天的塔吉克人的传统，都共享着一种液体香文化。这种液体香文化在跨度较大的时间段中，为不同民族、宗教所共享、互鉴。这个事例也反映了丝绸之路沿线区域香的流通绝不只有原料，也有高附加值的加工香产品。香品的多向度流通也同时包含多层次、复杂的民俗交往。

香不仅促进了物品的流通，也会带来人口的迁移。印度一直是胡椒的主要产地，也是欧洲胡椒的主要原材料供应地。19 世纪末，一批广东潮州的华人来到马来西亚，在马来西亚柔佛州新山一带种植胡椒，主要供应当地以及中国地区。随着时间推移，他们的黑胡椒种植规模越来越大，成为印度之外又一个胡椒供应源。随着胡椒产业的发展，越来越多潮州华人来到马来西亚定居，还有不少福建人、海南人也纷纷来到新山地区定居。在 20 世纪 90 年代，马来西亚黑胡椒已经大规模供应中国市场。这些华侨经过百年的奋斗，已经融入了当地社会，成为马来西亚社会重要的建设者。香料作为一个纽带，不仅促进了"一带一路"沿线人民的经贸往来，更直接促进了移民和社会融合。

胡椒是欧洲饮食体系中非常重要的调味品，原产于印度。胡椒最早通过波斯从西域输入中国内地。《后汉书》中明确地记载了身毒国原产胡椒。在段成式的《酉阳杂俎》中，更是把胡椒的原产地具体到了摩揭陀国（古印度国度）的狭小范围。《后汉书·西域传》记载了天竺国"又有细布、好駃騠、诸香、石蜜、胡椒、姜、黑盐。和帝时，数遣使贡献，后西域反叛，乃绝。至桓帝延熹二年、四年，频从日南徼外来献"。这表明古代印度的胡椒，包括其他许多香料，早期是通过西域这条线路传入中国，后来丝绸之路交通受到阻碍后才转由海上的线路流通。胡椒不是一般的香料，而是日常生活的消耗品，胡椒的种植、加工、贸易、运输、食用、品鉴等系列民俗活动，促进了陆上和海上丝路的联动。

关于香品流通的路线，安息香的流通也是一个典型例子。安息香是较早从波斯输入中国的香料之一。段成式的《酉阳杂俎》记载了"安息香树，出波斯国，波斯呼为辟邪。树长三丈，皮色黄黑，叶有四角，经寒不凋。二月开花，黄色，花心微碧，不结实。刻其树皮，其胶如饴，名安息香。六、七月坚凝，乃取之。烧之通神明，辟众恶。"安息香一直是中国香文化中极受欢迎的域外珍品，但是事实上，安息香并不只有波斯输入这一条线路。美国汉学家伯特霍尔德·劳费尔（Berthold Laufer）在《中国伊朗编》（1919 年）中分析了安息香传入中国的两条线路："中国人叫作'安息香'的东西是两种不同香料合成的：一种是伊朗地区的古代产物，至今还没鉴定；一种是马来群岛的一种小安息香树所产的。这两种必须加以区别，而且必须了解原来是指一种伊朗香料的古代名称，后来在伊朗停止输入时，就转用马来群岛的产品。"这与胡椒的流通非常相似，当波斯地区的安息香输入因为丝绸之路受阻时，马来群岛的安息香就能够及时补充。

　　当然，这种香料、香品的流动，还有着殖民时代的特殊背景。今天印度尼西亚、马来西亚、东帝汶一带的大巽他群岛，在 16—17 世纪也被称为"香料群岛"，主要原因就是其盛产若干种香料。在 16 世纪，葡萄牙垄断了东印度群岛的香料贸易，而 17 世纪香料群岛的霸主则是荷兰，到了 18 世纪则是英国。因此，欧洲在东南亚的殖民活动，如果从香料贸易的角度看，其据点、航线与香料有着密切的联系。出于香料贸易的暴利性质，香料群岛历来是欧洲列强必争之地。而连接东南亚、印度、西亚，最后通往欧洲的航线，就被称为"香料之路"。

　　在"一带一路"沿线区域，印度香文化的影响力也非常巨大，诃黎勒香的例子便可见一斑。在敦煌香药文献中，有一些香药以梵语记载其名，如法藏 P.3230 号文献和英藏 S.6107 号文献中有香药 32 种，其中"诃黎""阿摩罗"出现频次最高。"诃黎勒"就是中药中常用的诃子，是使君子科植物诃子的果实。诃子还是藏药中十分重要的药物，被称为"藏药之王"。诃子这种植物在中国仅有云南高黎贡山地区有野生分布。而在当代云南腾冲民间，就把诃子称为"咳地老"，还把诃子做成果脯。腾冲的汉族、回族家庭深谙咳地老的药用价值，一直将其作为家庭常备食品。腾冲与缅甸接壤，与印度相望，这个腾冲汉语方言中的梵语借词一直保留到今天。但是，唐代敦煌地区的诃子来自云南的可能性并不大，更可能是从南亚输入，可见南亚梵语文化中的香药对中国敦煌（丝路沿线）和云南西南部都产生了影响。这一事例提醒我们，在"一带一路"的另一条重要线路——云南—缅甸—南亚的线路上，也有相当频繁的文化互动。

　　在"一带一路"沿线区域，香的流通呈现复杂的民俗格局，这也反映了中国的香文化与整个"一带一路"区域的香文化有着内在的联系。中国的香文化融合了许多南亚、西亚的用香习俗。香料、香品的流通大大丰富了中国香文化的内涵。直到今天，沉香、龙脑香、迷迭香、安息香、苏合香、乳香、胡椒、丁香等香料依然在民俗生活、传统医药、文化雅集、文艺创作、岁时节日等诸多领域发挥着不可替代的作用。"一带一路"区域的香俗，深刻体现了沿线民众文化共享、文明互鉴的认知与实践，这些复杂的民俗交往活动一直充当着民心相通的润滑剂。

### （四）香之路与中国人的世界观

无论是陆上丝绸之路还是海上丝绸之路，中国始终是香文化流通的重要一极。中国人对海外的香品有庞大需求，域外奇香不仅是历代中国人想象海外世界的重要窗口，更是不断丰富中国香文化的动力源泉。在中国史家笔下，域外奇香往往能成为历史事件书写的焦点。汉武帝时期，来自大月氏的香曾给被疾病笼罩的长安城带来了光明。晋人张华的《博物志·异产》中还记载了两件和域外奇香有关的事件，"汉武帝时，弱水西国有人乘毛车以渡弱水来献香者。帝谓是常香，非中国之所乏，不礼其使。留久之，帝幸上林苑，西使千乘舆闻，并奏其香。帝取之看，大如鸾卵，三枚，与枣相似。帝不悦，以付外库。后长安中大疫，宫中皆疫病。帝不举乐，西使乞见，请烧所贡香一枚，以辟疫气。帝不得已听之，宫中病者登日并差。长安中百里咸闻香气，芳积九十余日，香犹不歇。帝乃厚礼发遣钱送""一说汉制献香不满斤，不得受。西使临去，乃发香器如大豆者，拭著宫门，香气闻长安四面数十里，经月乃歇"。

这两次事件让域外的异香深深烙印在民众记忆中，同样也让历史书写者印象深刻。可见，在汉代，来自海外的各种奇香在长安城这个国际大都会中争奇斗艳，成为诸多传奇的主角。

在中国香文化中，香能通窍、通神，这也成为其作为药物的认知基础。例如在敦煌学研究中，香药研究是一个特别的方向，有不少学者涉足，如姜伯勤、饶宗颐、廖旸晴等。他们论述了一个概念叫作"香药之路"，指以敦煌为中心的运香路线。这条路线甚至延伸到洛阳，洛阳有专门收购倒卖香料的香行。在唐代，敦煌民间盛行香药美容，这也从侧面说明丝绸之路上香文化交流的繁盛。

敦煌—吐鲁番地区的香药中，药浴是其中突出的医疗方法。佛教的繁荣促进了丝绸之路香药浴的发展。敦煌佛经中的《佛家香浴方》就属于药浴香方。吐鲁番柏孜克里克石窟出土的《啰嚩拏说救疗小儿疾病经》残片中就有佛教用安息香等诸味香药治病的记载。在彼时敦煌人、吐鲁番人的世界里，总是香气缭绕。佛教构想中的香花极乐世界，通过香料的实际运用变成了现实生活中真实的用香场景。佛教香药浴时至今日仍完整地保存于藏族的日常生活中。藏医药浴于 2014 年列入国家级非物质文化遗产名录。香药疗法也深刻地体现了佛教的生命观和宇宙观，这种天人合一的身体实践也成为中国传统文化的有机部分。

除了香品，香炉也是典型的世界观载体。中国古代香炉中最有代表性的是汉代博山炉和明清宣德炉。博山炉以豆形器为基础，炉盖模仿海上仙山之一的博山，山形镂空重叠，香气缭绕其间而自有乾坤。博山炉的意象非常契合彼时盛行的黄老思想和玄学思想，模拟了一个海外仙境的理想世界。而宣德炉造型沉稳大气，简洁明快，铜质古雅，烟气规矩，体现了明清社会实际致用的风气。

香在中国传统文化中，是沟通天人的重要媒介。无论是向神佛礼拜，还是祭奠祖先，无论是抚琴下棋，还是起居修养，都借助香的通窍特性使人进入专注的化境。香除了现实的医药功能，更重要的是它契合了中国文化中天人和合、明德惟馨、一气充塞的世界观和价值观。

在"一带一路"沿线区域中，香构筑了不同文明之间的桥梁，无论是儒家文明还是佛教文明，都在香的氛围中寻求文化境界。"一带一路"区域作为名副其实的"香之路"，折射了亚欧区域数千年来互联互通、文明互鉴、胸怀世界的壮阔历程。

### （五）促进了丝绸之路沿途国家的文化交流

"一带一路"区域的香文化具有深厚的历史底蕴，也具有深远的文化交往，是亚欧海陆间数千年来文化共享、文明互鉴、民心相通的典型事例。2013 年提出的"一带一路"倡议之所以能够得到沿线各国欢迎，正是因为海陆丝路区域交通、共享、合作、共赢的精神有深厚根基。香文化研究并不限于"一带一路"，但这一国际合作框架反过来突显了"香之路"作为一个学术命题的重要价值。"香之路"不只是一个运输香料的贸易渠道，更是联通世界的文化之路。香作为跨文化共享、互鉴的特殊文化门类，在一般人文社会科学研究中并不引人注目，但其特殊的嗅觉文化却是其他文化门类不具有的特征。

事实上，直到今天，"一带一路"沿线区域的香料贸易、香品流通、香习交往并没有间断，一直非常繁荣。无论是中国市场上出售的印度线香、阿拉伯香水、尼泊尔线香，还是厨房中来自马来西亚的胡椒、阿富汗的丁香，抑或是中医保健里使用的越南沉香、伊朗苏合香，都是当代香料流通的现实例证。在"一带一路"的视角下切入对中国香文化的研究，也为香文化研究提供了一个框架，可以在这个框架中按图索骥，不断创新。

## 二、拓展物品种类，丰富人类生活

芳香植物时时刻刻都在影响着人们的生活。在中古时期的欧洲，人们对香料的追逐和崇拜几近疯狂，体现在资源竞逐、味觉享受、肉体感知、精神抚慰等诸方面。在中国，《诗经》《楚辞》《山海经》等先秦历史典籍里就有不少关于芳香植物的记述；两汉时期的本草著作《神农本草经》亦有芳香植物供药用的记述。芳香植物也成为丝绸之路上重点传播的植物资源。

### （一）西方香料的应用与发展

#### 1. 香料的竞逐

哥伦布、达·伽马、麦哲伦这三位大航海时代的开拓者在成为地理发现者之前实际上就是香料的搜寻者。后来者沿着他们开拓的航线在未知领域里探索。航海家、商人、海盗，甚至是欧洲列强的军队，相继开启了香料的竞逐，围绕着香料展开了一场场殊死争斗。

## 2. 味觉的传递

公元前 11—前 8 世纪，今德国拉登堡附近，驻扎着当时日耳曼最大的罗马人军营。约在两千年以后，一群德国考古学家到这里探访，在废墟里发现了窖藏的丁香、芫荽籽和黑胡椒。地中海民族食用香料的历史可追溯到约公元前 3000 年的苏美尔文明时期，当时的刻写泥板上记载着啤酒中添加孜然芹和芫荽调味的事实。一本流传下来的《论烹调》，据信为阿庇西乌斯所著，成书于 1—2 世纪。书中的 468 个食谱中，胡椒出现了 349 次，胡椒被用于蔬菜、鱼、肉类、酒和甜食调味。其中的一种"香料盐"，是由黑白胡椒、百里香、生姜、薄荷、孜然芹、旱芹子、欧芹、牛至、番红花、肉桂叶、莳萝果和盐混制而成，有"助消化和蠕动大肠"的作用，且"极为温和，出人意料"。在现代人眼里，香料最明显的用途是制成各种沙司调味酱，用于小山羊、羔羊、乳猪、鹿肉、野猪、牛肉、鸭、鹅、小鸡等各种肉类的烹饪。与此同时，香料有防腐保质的作用。中世纪的欧洲人一直为变质有味的肉所困惑。由于没有冷冻设备，肉和鱼往往容易腐坏变质，危害健康。香料的使用，除了改善口感外，无疑可以延长肉类的保存时间，以减少食物陈腐所带来的风险。按当时的医学概念而言，香料有"加热""干燥"的作用，能抵制由湿气过重引起的腐败。

## 3. 肉体的感知

香料可疗疾。在中世纪欧洲人的心目中，香料和药是同一类东西，并非所有的药都是香料，但所有的香料都是药。拉丁文中的"香料"一词实际上与药是同义词。药剂师与香料师事实上也是同一类人，即"存有可供出卖的香料和各种药物所需的配料的人"。公元 5 世纪所编的《叙利亚药典》中列举了香料所具有的各种医药用途以及疗效。胡椒就被当作可治各种疾病的"万能药"。早期欧洲医学理论认为万物皆由热、冷、干、湿四种要素构成，表现为人体的血液、黏液、黄胆汁和黑胆汁。若它们保持一种适当的平衡，人体就健康，疾病则是一种失衡。在这个体系中，香料起着一种维护健康平衡以及恢复被破坏的平衡的作用。

香料可助性。香料可以给人们带来肉体上的快感。一些香料酒亦有很好的催情助性作用。情欲功能障碍也被认为是平衡被打破的结果，性感缺乏为冷，情欲为热，而香料是一种强有力的热效药物。许多传世的爱情诗篇中，香料是一种能唤起人丰富联想的象征物。

### 4. 精神的愉悦

香料应用于祭祀早于香料被食用。通常将香料混入祭祀过程中燃烧的熏香里或者加入寺庙燃烧的火盆中。另一种方法是将其掺入香水或油膏中，涂于祭祀者身上。燃烧熏香会释放出沁人肺腑的馨香，体现祭祀的神圣和威严。

## （二）东方香料的应用与发展

### 1. 馨香之美德

中华民族是一个崇尚馨香之美的民族。《礼记·内则》云："男女未冠笄者，鸡初鸣，咸盥漱，栉縰，拂髦总角，衿缨，皆佩容臭。"陈澔注：容臭，香物也，助为形容之饰，故言容臭，以缨佩之，后世香囊即其遗。朱子曰：佩容臭为迫尊者，盖为恐有秽气触尊者。可见所谓的"容臭"即香包。朱熹认为，佩戴容臭，是为了接近尊敬的长辈时，避免身上有秽气触冒他们。《尔雅·释器》："妇人之祎，谓之缡。"郭璞注：即今之香缨也。《说文·巾部》："帷，囊也。"段玉裁注："凡囊曰帷。"《广韵·平支》："缟，妇人香缨，古者香缨以五彩丝为之，女子许嫁后系诸身，云有系属。"这种风俗是后世女子系香囊的渊源。古诗中有"香囊悬肘后"的句子，大概是佩戴香囊的最早反映。魏晋之时，佩戴香囊更成为雅好风流的一种表现，后世香囊则成为男女常佩的饰物。

### 2. 沐浴之香汤

《大戴礼·夏小正》有"五月蓄兰，为沐浴"之记载。《诗经》有"彼来萧兮，一日不见，如三秋兮！彼采艾兮，一日不见，如三岁兮！"等"采艾""采萧"即采悷香药之记述。《离骚》："扈江离与辟芷兮，纫秋兰以为佩……朝搴阰之木兰兮，夕揽洲之宿莽。"《九歌》中以桂木做栋梁，木兰做屋橼，以辛夷和白芷点缀门楣，亦是用这些香木来驱邪。《离骚》《九歌》中记载了许多香料和香草，"一薰一莸"，屈原用比拟的手法借香草歌颂贤德，以莸草痛斥奸佞。古时沐浴兰汤、赠送和佩戴香包已蔚然成风。

### 3. 熏燃、涂敷之香料

熏燃之香。中国古人很早就注意到了香的妙用，通过熏燃香料来驱逐异味。例如印篆之香，为了便于香粉燃点，合香粉末，用模子压印成固定的字形或花样，然后点燃，循序燃尽，这种方式称为"香篆"。《百川学海》中"香谱"条云："镂木之为范，香为篆文。"香篆模子是用木头雕成的，香粉被压印成有形有款的花纹。篆香又称百刻香，将一昼夜划分为一百个刻度，寺院常用于计时。

涂敷之香。此类香的种类很多，一种是敷身香粉，一般是把香料捣碎为末，以生绢袋盛之，浴罢敷身；另一种是用来敷面的和粉香，有调色如桃花的十和香粉，还有利汗红粉香，调粉如肉色，涂于身体香肌利汗。

### 4. 医用之香药

香料是中国传统医学中的重要原料。如前所述，医书方剂和本草典籍中有许多关于芳香植物的记载。明代李时珍的《本草纲目》中就有线香入药的记载："今人合香之法甚多，性线香可入疮科用。其料加减不等，大抵多用白芷、独活、甘松、山柰、丁香、藿香、藁本、高良姜、茴香、连翘、大黄、黄芩、黄柏之类为末，以榆皮面作糊和剂。"李时珍用线香"熏诸疮癣"，方法是点灯置于桶中，燃香以鼻吸烟咽下。清代赵学敏的《本草纲目拾遗》中记载了曹府特制的"癥香方"，由沉香、檀香、木香、母丁香、细辛、大黄、乳香、伽南香、水安息、玫瑰瓣、冰片等20余味气味芬香的中药研成细末后，用榆面、火硝、老醇酒调和制成香饼；称其有"开关窍、透痘疹、愈疟疾、催生产、治气秘"之作用。藏香燃烧后产生的气味可除秽杀菌，祛病养生。

## （三）丝绸之路上的芳香植物交流

丝绸之路始于汉朝张骞出使西域；盛唐时期，中国的丝绸和茶叶通过丝绸之路输往波斯和罗马，西方的珍异植物（香料、水果、药材）等输往中国；唐宋以后，从广州、杭州、泉州等地经南洋抵达印度、阿拉伯海和非洲东海岸的"海上丝绸之路"也相继开通。

宋开宝四年（971年），置市舶司于广州，负责药物贸易。据《宋会要》记载，通过市舶司由阿拉伯商人运往欧亚等国的我国特产药材有朱砂、人参、牛黄、硫黄、茯苓、茯神、附子、常山、远志、甘草、川芎、雄黄、川椒、白术、防风、杏仁、黄芩等达60多种。唐代李珣的《海药本草》收载的多为外来药物，其中有许多芳香植物。明代李时珍的《本草纲目》中，植物部分的草部有"芳草类"，木部有"香木类"，收载了许多芳香植物，其中有许多是外来药物，充分反映了明以前中外植物交流的繁盛情况。

### 1. 汉代传入中国的芳香植物

根据现有历史文献的梳理和考古发掘材料的分析，可知汉代已有可以考证具体品类的香料输入。

龙脑香是由龙脑树树干析出的白色晶体，具有浓郁的香味，原产于苏门答腊岛、加里曼丹岛、马来半岛等地。《史记·货殖列传》记载："番禺亦其一都会也，珠玑、犀、玳瑁、果布之凑。"《史记·集解》引韦昭曰："果谓龙眼、离支之属。布，葛布。"南洋史专家韩槐准认为韦昭的解释是错误的，"果布"二字不应断开，应为马来语龙脑"Kapur"的音译。准确地说，马来语对龙脑香的全称应为"果布婆律"（Kapar Barus）。《梁书·诸夷传》载有"狼牙修国，在南海中"，物产有"婆律香"等。"婆律"为马来语"龙脑香"下半部分"Barus"的音译，"果布"

为上半部分，两种说法都是指龙脑香。《酉阳杂俎·木篇》云："龙脑香树出婆利国，婆利呼为'固不婆律'，亦出波斯国。"婆利国在今印度尼西亚，具体地点不详，有巴厘岛、加里曼丹岛、苏门答腊岛诸说。从考古发现的材料来看，广州南越国时期的墓葬中出土的铜熏炉腹内常有灰烟或炭粒状香料残存，广西罗泊湾二号汉墓出土的铜熏炉"内盛两块白色椭圆形粉末块状物"，研究者认为可能属龙脑或沉香之类的树脂香料残留物。

迷迭香是一种具有清香气息的香花，在温暖的微风及炎热太阳下会释放出香气，原产于南欧、北非、南亚、西亚等地，并引种于暖温带地区。《魏略·西戎传》记载的大秦所出的 12 种香中便有迷迭。晋代郭义恭《广志》云："迷迭出西海中。"迷迭最晚汉末时已经移植中国。曹丕《迷迭赋》云："余种迷迭于庭之中，嘉其扬条吐香，馥有令芳，乃为之赋。"赋中有云："越万里而来征。"曹植《迷迭香赋》中写道："播西都之丽草兮，应青春而凝晖……芳暮秋之幽兰兮，丽昆仑之英芝。"王粲《迷迭赋》云："受中和之正气兮，承阴阳之灵休。扬丰馨于西裔兮，布和种于中州。"他们都强调迷迭香来自远方异域，而且来自西方。陈琳、应玚等皆有同题之作，都热情洋溢地赞美迷迭的枝干、花叶之优美及其芳香之酷烈。

丁香，即丁香属，又称紫丁香属植物，又指丁香属植物树上的花蕾，又名丁子香，原产于南亚、东南亚及马达加斯加，引种于热带地区。在中国古代文献上又称其为鸡舌香，汉代时已传入中国。应劭《汉官仪》记载："桓帝时，侍中刁存，年老口臭，上出鸡舌香与含之。"实际上刁存并非特例，汉代尚书郎上殿，"握兰含香，趋走丹墀奏事"乃常规。"尚书郎奏事明光殿，省中皆胡粉涂壁，其边以丹漆地，故曰丹墀。尚书郎含鸡舌香，伏其下奏事。黄门侍郎对揖跪受"。这种香曾被曹操当作礼物送给蜀相诸葛亮，云："今奉鸡舌香五斤，以表微意。"三国孙吴康泰《吴时外国传》云："五马洲出鸡舌香。"五马洲又称马五洲，在今印度尼西亚，具体地点不详，可能在巴厘岛。

乳香，别名"熏陆"，汉译佛典中译为"杜噜"，《翻译名义集》云："杜噜，此云熏陆。"乳香是应用极广的香料，可以用来熏香、照明、调料，还可用于活血止痛。1983年，广州象岗山南越王赵昧墓西耳室的一个漆盒内发现树脂状药物，外形与泉州后渚宋船内发现的乳香类似，因此专家断定其为乳香。乳香主产于红海沿岸，真正生产乳香的地区是南阿拉伯的也门哈德拉毛省，史书上没有见到南越国与红海沿岸地区交通往来的记载，因此当地发现的乳香可能是从南亚地区间接输入的。三国时万震的《南州异物志》云："熏陆出大秦国。在海边有大树，枝叶正如古松，生于沙中。盛夏木胶流出沙上，状如桃胶。夷人采取卖与商贾，无贾则自食之。"《魏略·西戎传》记载的大秦12种香中就有熏陆。古书上大秦范围很广，西亚地中海沿岸地区亦在其中。南朝时中国医家已经以乳香入药，最早见于梁代陶弘景整理的《名医别录》，认为其能"疗主风水毒肿，去恶气……疗风瘾疹痒毒"。《大唐西域记》记载，南印度阿吒厘国"出熏陆香树，树叶若棠梨也"。

苏合香为金缕梅科植物苏合香树分泌的树脂，又名帝膏、苏合油、苏合香油。此种香产于非洲及亚洲的印度、土耳其等地。苏合香用途很广，汉代人对苏合香已有较多的了解，并应用于宫廷。《后汉书·西域传》记载大秦国出苏合香，并云："合会诸香，煎其汁以为苏合。"西晋傅玄的《郁金赋》有"凌苏合之殊珍"之句，称之为"殊珍"，意为来自域外。《梁书·诸夷传》记载苏合香乃"大秦珍物"。关于苏合香之制作，书中记载"苏合是合诸香汁煎之，非自然一物"。苏合香对醒脑开窍有奇效，又能清热止痛，作外敷药。宋人赵汝适的《诸蕃志》云："苏合香油出大食国……蕃人多用以涂身，闽人患大风者亦仿之，可合软香及入医用。"

沉香，中国古代文献中有时写作沈香、琼脂。沉香气味香如蜜，所以又称为蜜香。入水下沉，又称沉水香。印度、缅甸、柬埔寨、马来西亚、菲律宾以及中国南部等地皆产沉香木。《诸蕃志》云："沉香所出非一，真腊为上，占城次之，三佛齐、阇婆等为下。"这些地方皆在东南亚一带。沉香木是一种绿乔木，只有树龄二十年或五六十年以上的树，枝干腐朽，其木心部分凝聚了树脂的木材，才是所谓的沉香。沉香的采集非常危险，必须进入原始森林，因此十分珍贵。古印度药书中曾记载焚烧沉香，其熏烟可使身体染上香味，还可用于治疗外伤，有镇痛作用。葛洪辑抄的《西京杂记》记载，汉成帝时赵飞燕被立为皇后，其妹赵合德遗飞燕书，并送礼致贺，礼品中有沉水香，后来的小说《赵飞燕外传》大约由此生发。

安息香，原产于古安息国、龟兹国、漕国以及阿拉伯半岛地区。《新修本草》曰："安息香，味辛，香、平、无毒。主心腹恶气鬼。西戎似松脂，黄黑各为块，新者亦柔韧。"据说，该香是由安息香树伤口处流出的树脂凝固而成，中国原从波斯商贾手中购买此香，苏恭的《唐本草》说它出于西戎，当指古代波斯，后来改从东南亚购进，所以李珣的《海药本草》说它生于"南海波斯国"。《诸蕃志》云："安息香出三佛齐国，其香乃树之脂也。"安息香是中国较早从海外进口的香料，《酉阳杂俎》云："安息香树，出波斯国，波斯呼为辟邪。树长三丈，皮色黄黑，叶有四角，经寒不凋。二月开花，黄色，花心微碧，不结实。刻其树皮，其胶如饴，名安息香。六七月坚凝，乃取之。烧之，通神明，辟众恶。"李时珍说："此香辟恶，安息诸邪，故名。或云：安息，国名也。梵书谓之拙贝罗香。"汉代文献称波斯之地为安息国，魏晋以后安息国不复存在，而称此地所产香料为安息香者，可能沿袭汉代旧称。据此推测，安息香应该在汉代已经传入。

郁金香，别名郁香、红蓝花、紫述香、洋荷花、草麝香。基于地中海的气候特点，郁金香形成了适应冬季湿冷和夏季干热的特点，但其确切起源已难以考证，现在多认为其起源于锡兰及地中海偏西南方向的地区。郁金香所散发的香气使人为之倾倒，姿态高雅脱俗，清新隽永。西晋傅玄的《郁金赋》则把郁金与外来的苏合香相比，"气芳馥而含芳，凌苏合之殊珍"，暗示郁金也是来自域外的殊珍。西晋左棻的《郁金颂》则明言其从域外传入，"伊此奇草，名曰郁金，越自殊域，厥珍来寻"。《梁书·诸夷传》特别强调："郁金独出罽宾国，华色正黄而细，与芙蓉华里被莲者相似。国人先取以上佛寺，积日香槁，乃粪去之。贾人从寺中征雇，以转卖于他国也。"李时珍的《本草纲目》引陈藏器曰："郁金香生大秦国，二月、三月有花，状如红蓝；四月、五月采花，即香也。"郁金香汉代时已移植中国，东汉朱穆曾专门作《郁金赋》，云："众华烂以俱发，郁金邈其无双。比光荣于秋菊，齐英茂乎春松。"朱穆是东汉中晚期人，其赋中并未提及郁金香来自何处，说明这种异域花种已为人们司空见惯。

### 2. 唐代《海药本草》中的外来芳香植物

唐代李珣的《海药本草》是一部记述当时 131 种外来药物的著作，其中不乏许多芳香植物。《海药本草》的"草部"有"木香、兜纳香、阿魏、荜茇、肉豆蔻、零陵香、艾纳香、莳萝、茅香、甘松香、迷迭香、瓶香、藕车香"；"木部"有"沉香、熏陆香、乳香、丁香、降真香、返魂香、蜜香、安息香、龙脑、没药、天竺桂、必栗香、研药、诃梨勒、胡椒"。

### 3. 明代《本草纲目》草部、木部所收载的芳香植物

明代以来，随着郑和七下西洋，中外交流区域更加宽广。明代李时珍的《本草纲目》著作中，植物部分的草部有"芳草类"，木部有"香木类"，收载了许多芳香植物，余者零星见于果部、菜部中，其中有许多是外来药物，充分反映了明代以前中外植物交流的盛况。

《本草纲目》草部的"芳草类"有 54 种，包括当归、川芎、藤芜、蛇床、藁本、蜘蛛香、白芷、芍药、牡丹、木香、甘松香、山奈、廉姜、杜若、山姜、高良姜、豆蔻、白豆蔻、缩砂密、益智子、荜茇、蒟酱、肉豆蔻、补骨脂、姜黄、郁金、蓬莪术、荆三棱、莎草、香附子、瑞香、茉莉、郁金香、茅香、白茅香、排草香、迷迭香、藕车香、艾纳香、兜纳香、藿香、薰草、兰草、泽兰、马兰、香薷、爵床、赤车使者、假苏、

薄荷、积雪草、水苏、荠苎等。木部有"香木类"35 种，包括柏、松、杉、桂、菌桂、天竺桂、月桂、木兰、辛夷、沉香、蜜香、丁香、檀香、降真香、楠、樟、钓樟、乌药、榬香、必栗香、枫香脂、薰陆香、没药、麒麟竭、质汗、安息香、苏合香、詹糖香、笃耨香、龙脑香、樟脑、阿魏、芦荟、胡桐泪、返魂香"。此外，菜部的"荤辛类"有生姜、干姜、胡荽、襀香、莳萝、罗勒；果部的"味类"有秦椒、蜀椒、崖椒、蔓椒、地椒、胡椒、毕澄茄、吴茱萸、食茱萸等。

芳香植物在人类的社会生活中一直发挥着重要的作用，丝绸之路上传播的芳香植物对人类物质生活和精神世界带来的影响尤为深远，也为"一带一路"芳香植物的深入研究和开发利用奠定了良好的物质基础。

# 参考文献

［1］肖军.中国香文化起源刍议［J］.长江大学学报（社会科学版），2011，34（9）：168-169.

［2］张明娟.丁谓与《天香传》［J］.黑龙江史志，2015（03）：162-163.

［3］周礼·仪礼·礼记［M］.陈戍国，点校.长沙：岳麓书社，1989.

［4］宗懔.荆楚岁时记［M］.宋金龙，校注.太原：山西人民出版社.1987.

［5］周密.武林旧事［M］.傅林祥，注.济南：山东友谊出版社，2001.

［6］陈烈.中国祭天文化［M］.北京：宗教文化出版社，2000.

［7］傅京亮.中国香文化［M］.济南：齐鲁书社，2008.

［8］许慎.说文解字［M］.北京：中华书局，2020.

［9］周礼·仪礼·礼记［M］.陈戍国，点校.长沙：岳麓书社，2006.

［10］高焰.《全宋词》香俗研究［D］.昆明：云南大学，2015.

［11］陈敬，严小青.新纂香谱［M］.北京：中华书局，2012.

［12］华严经（第3卷）［M］.实叉难陀，译.北京：宗教文化出版社，2001.

［13］释法云.翻译名义集（上）［M］.扬州：广陵古籍刻印社，1990.

［14］洪刍，等.香谱（外四种）［M］.上海：上海书店出版社，2018.

［15］张荣焕.藏族煨桑仪式浅析［J］.黑龙江史志，2013（11）：304.

［16］王琦.煨桑·云雾飘渺中祭祀天地之神的焚香祭祀［J］.四川省情，2017（04）：54-56.

［17］钟敬文.民俗学概论［M］.上海：上海文艺出版社，2009.

［18］周琦.东瓯丛考［M］.上海：上海古籍出版社，2016.

［19］周文志，连汝安.细说中国香文化［M］.北京：九州出版社，2009.

［20］朱孝臧，思履.宋词三百首［M］.北京：中国华侨出版社，2013.

［21］赵明华.宋词原来可以这样读［M］.哈尔滨：黑龙江科学技术出版社，2011.

［22］钟礼平，钟瀛.宋词［M］.上海：上海远东出版社，2009.

［23］温广义.唐宋词常用词辞典［M］.呼和浩特：内蒙古人民出版社，1988.

［24］许枫.名扬天下宣德炉［J］.互联网周刊，2017（04）：67.

［25］陆游.放翁词编年笺注［M］.夏承焘，吴熊和，笺注.上海：上海古籍出版社，2017.

［26］丁放.历代爱情诗名篇赏析［M］.北京：商务印书馆，2015.

［27］刘昫，等.旧唐书（第2册）［M］.陈焕良，文华，点校.长沙：岳麓书社，1997.

［28］朱平楚.全诸宫调［M］.兰州：甘肃人民出版社，1987.

［29］思履.国学经典［M］.南昌：江西美术出版社，2018.

［30］上海市医学会医史专科分会.岐黄史话［M］.上海：上海科学技术出版社，2018.

［31］胡淼.唐诗的博物学解读［M］.上海：上海书店出版社，2016.

［32］张宏生，闵丰，冯乾.全清词·雍乾卷（第13册）［M］.南京：南京大学出版社，2012.

［33］高寒.清平乐高寒小说集（下）［M］.北京：九州出版社，2013.

［34］葛洪.西京杂记［M］.西安：三秦出版社，2006.

［35］佟洵，王云松.国家宝藏:100件文物讲述中华文明史［M］.成都:四川人民出版社,2018.

［36］李立成.诗经直解［M］.杭州:浙江文艺出版社,2004.

［37］郑昌时.韩江闻见录［M］.吴二持,点校.广州:暨南大学出版社,2018.

［38］袁宝龙.西汉之际谶纬神学与易代思潮的兴起及其影响［J］.天中学刊,2021,36(03):89-96.

［39］吴智文.广府居家习俗［M］.北京:光明日报出版社,2017.

［40］鄢敬新.尚古说香［M］.青岛:青岛出版社,2014.

［41］曾慥.类说校注(下)［M］.王汝涛,等,校注.福州:福建人民出版社,1996.

［42］刘瑞明.山海经新注新论(上)［M］.兰州:甘肃文化出版社,2016.

［43］韩波.汉代宫廷香薰活动及香薰器具的艺术成就［J］.艺术百家,2010,26(05):217-221.

［44］李昉.太平御览(第8卷)［M］.孙雍长,熊毓兰,点校.石家庄:河北教育出版社,1994.

［45］屠隆.考槃馀事［M］.北京:金城出版社,2012.

［46］沙畹.大月氏都城考［M］.北京:中国国际广播出版社,2013.

［47］吴自牧.梦粱录［M］.傅林祥,注.济南:山东友谊出版社,2001.

［48］李时珍.本草纲目［M］.武汉:崇文书局,2015.

［49］何庆勇.《备急千金要方》药对［M］.北京:中国中医药出版社,2011.

［50］宋慈.洗冤集录［M］.高随捷,祝林森,注.上海:上海古籍出版社,2018.

［51］赵学敏.串雅全书［M］.北京:中国中医药出版社,1998.

［52］尚儒彪.伤科方术秘笈:武当医药集锦［M］.北京:北京体育

学院出版社，1992.

［53］杨卫兵，夏循礼.本草香药的卫生防疫功用概述［J］.中国民族民间医药，2017，26（04）：52-54,58.

［54］李小敏，赵红梅，林金玉.爱婴病房艾条熏蒸的消毒效果研究［J］.南方护理杂志，1998，5（1）：2-3.

［55］邹秀蓉，周雾飞.病室用艾叶烟熏消毒的效果观察［J］.护士进修杂志，1996，11（7）：43.

［56］陈勤，关庆凤，辛范华，等.艾条熏蒸与紫外线空气消毒的对照观察［J］.江南大学学报（医学版），2002，12（5）：523.

［57］张辰龙，黄世伉.香包与医疗保健［J］.亚太传统医药，2007（02）：42-43.

［58］沈微，陈华.香佩疗法预防老年人上呼吸道感染效果观察［J］.中国民族民间医药，2010，19（02）：105-106.

［59］沈括.梦溪笔谈［M］.上海：上海书店出版社，2003.

［60］张忠纲.全唐诗大辞典［M］.北京：语文出版社，2000.

［61］黄怀信.大戴礼记译注［M］.上海：上海古籍出版社，2019.

［62］金良年.孟子译注［M］.上海：上海古籍出版社，1995.

［63］程雅君.中医哲学史第1卷：先秦两汉时期［M］.成都：巴蜀书社，2009.

［64］杜佑.通典［M］.王文锦，王永兴，等，点校［M］.北京：中华书局，1988.

［65］荀子［M］.安继民，注译.郑州：中州古籍出版社，2006.

［66］吕不韦.吕氏春秋［M］.郑州：中州古籍出版社，2010.

［67］张世亮，钟肇鹏，周桂钿.春秋繁露［M］.北京：中华书局，2018.

［68］欧阳修，宋祁.新唐书［M］.北京：中华书局，1975.

［69］真人元开.唐大和上东征传［M］.汪向荣，校注.北京：中华书局，1979.

［70］刘昫，等.旧唐书［M］.北京：中华书局，1975.

［71］刘扬忠.欧阳修集［M］.南京：凤凰出版社，2014.

［72］高嘉敏.东京梦华录［M］.安徽：黄山书社，2016.

［73］庄绰.鸡肋篇［M］.萧鲁阳，点校.北京：中华书局，1983.

［74］文震亨，屠隆.长物志·考槃徐事［M］.陈剑，译.杭州：浙江人民美术出版社，2011.

［75］屈大均.广东新语［M］.北京：中华书局，1985.

［76］鄂尔泰，张廷玉.国朝宫史［M］.北京：北京古籍出版社，1994.

［77］广西壮族自治区地方志编纂委员会.广西通志：出版志［M］.南宁：广西人民出版社，1999.

［78］高濂.遵生八笺（下）［M］.杭州：浙江古籍出版社，2019.

［79］刘若愚，高士奇，顾炎武.明宫史 金鳌退食笔记 昌平山水记 京东考古录［M］.北京：北京出版社，2018.

［80］段成式.酉阳杂俎［M］.上海：上海古籍出版社，2012.

［81］于敏中，等.日下旧闻考［M］.北京：北京古籍出版社，1985.

［82］孙承泽，等.庚子销夏记［M］.上海：上海古籍出版社，1991.

［83］刘若金.本草述校注［M］.郑怀林，等，校注.北京：中医古籍出版社，2005.

［84］柳长华.李时珍医学全书［M］.北京：中国中医药出版社，2015.

［85］孙桐.难经［M］.北京：中国医药科技出版社，1998.

［86］缪希雍.神农本草经疏［M］.夏魁周，赵瑗，校注.北京：中国中医药出版社，1997.

［87］刘洋.徐灵胎医学全书［M］.北京：中国中医药出版社，1999.

［88］张介宾.景岳全书［M］.赵立勋，主校.北京：人民卫生出版社，1991.

［89］张锡纯.医学衷中参西录［M］.太原：山西科学技术出版社，

2009.

[90]贾思勰.齐民要术[M].北京:团结出版社,1996.

[91]苏鹗.杜阳杂编[M].北京:中华书局,1958.

[92]张文亮.旷世奇才苏东坡[M].贵阳:贵州教育出版社,2011.

[93]缪启愉,邱泽奇.汉魏六朝岭南植物"志录"辑释[M].北京:农业出版社,1990.

[94]民俗文化编写组.物之语[M].北京:华龄出版社,2004.

[95]范成大.桂海虞衡志校注[M].严沛,校注.南宁:广西人民出版社,1986.

[96]余淼盈.以香会友:苏轼与黄庭坚的禅意人生[J].北方文学,2019(20):74,76.

[97]马海蓉.西方古典医学的体液学说研究[D].西安:陕西师范大学,2021.

[98]田汝英.西欧中世纪社会生活中的香料文化[J].首都师范大学学报(社会科学版),2012(03):6-11.

[99]田汝英."贵如胡椒":香料与14—16世纪的西欧社会生活[D].首都师范大学,2013.

[100]孙枝蔚.溉堂集[M].上海:上海古籍出版社,1979.

[101]樊瑞娟.秦嘉、徐淑赠答诗文的情感特性与文学价值[J].开封文化艺术职业学院学报,2022,42(02):22-24.

[102]廖定一.北宋士大夫礼物馈赠研究[D].西南大学,2021.

[103]张华.博物志新译[M].上海:上海大学出版社,2010.

# 后　记

　　本书参考了大量有关香文化、香料交流以及东西方香文化方面的书籍和文章。编写过程中，我们遇到了很多困难，主要在于香俗的范畴较广，涉及内容较杂，所以取舍较难，尤其是有关东西方香料贸易过程的资料中，更多的是指香料的贸易，因为其中的很多香料也是制作香的原料。

　　另外，在整理过程当中，有关香的古籍较少，但很多有名的香方在古籍当中是有记载的，很有研究价值，为现在的制香提供了参考依据。除专门记载香的书籍外，大量有关香的记载是在医书当中，其中除了本草书籍之外，还涉及许多临床证治类的书籍。有鉴于此，为力求全面，我们便选择综合性的著作《本草纲目》。

　　本书三易其稿，感谢福建中医药大学李灿东校长、福建师范大学袁勇麟教授、北京中医药大学李良松教授、我校中医学院的领导和同事们，以及厦门大学出版社的编辑们，在我写作和出版期间给予的悉心指导与帮助，让我受益匪浅。本书在收集资料和写作的过程中，还得到了张超瑞、贾锐晰、陈嘉莉、王聪远、周潇琦等诸位同学的大力支持与协助，在此一并表示感谢。

　　笔者功力不足，论述尚不够深入、全面，本书中还有一些观点有待商榷和完善，恳请广大读者予以批评指正。在今后的科研中，

后

记

我将进一步加强学术修养，为中医药文化研究，为中医的传承、创新，为人类的健康事业奉献绵薄之力。

**作　者**

2022 年 8 月